青春励志系列

自信

放大你的优点

陈志宏◎编著

延边大学出版社

图书在版编目（CIP）数据

自信：放大你的优点 / 陈志宏编著 . — 延吉：延边大学出版社，2012.6（2021.10 重印）

（青春励志）

ISBN 978-7-5634-4869-2

Ⅰ . ①自… Ⅱ . ①陈… Ⅲ . ①自信心—青年读物
Ⅳ . ① B848.4-49

中国版本图书馆 CIP 数据核字（2012）第 115485 号

自信：放大你的优点

编　　著：陈志宏
责任编辑：林景浩
封面设计：映像视觉
出版发行：延边大学出版社
社　　址：吉林省延吉市公园路 977 号　邮编：133002
电　　话：0433-2732435　传真：0433-2732434
网　　址：http://www.ydcbs.com
印　　刷：三河市同力彩印有限公司
开　　本：16K　165 毫米 ×230 毫米
印　　张：12 印张
字　　数：200 千字
版　　次：2012 年 6 月第 1 版
印　　次：2021 年 10 月第 3 次印刷
书　　号：ISBN 978-7-5634-4869-2
定　　价：38.00 元

前言

有一个穷困潦倒的青年，流浪到巴黎，期望父亲的朋友能帮自己找一份差事。

“你精通数学吗？”父亲的朋友问他。

青年羞涩地摇头。

“历史、地理怎么样？”

青年还是不好意思地摇头。

“那法律呢？”

青年窘迫地垂下头。

父亲的朋友接连地发问，青年都只能摇头告诉对方——自己一无所长，连丝毫的优点也找不出来。

“那你先把自己的住址写下来吧。”

青年羞愧地写下自己的住址，急忙转身要走，却被父亲的朋友一把拉住了：“年轻人，你的名字写得很漂亮啊，这就是你的优点，你不该只满足找一份糊口的工作。”

把名字写好也算一个优点吗？我能把名字写得叫人称赞，那我就能把字写漂亮；能把字写漂亮，我就能把文章写得好看……

受到鼓励的青年，一点点地放大自己的优点，兴奋得他脚步立刻轻松起来。

数年后，青年果然写出了享誉世界的经典作品。他就是家喻户晓的法国18世纪著名作家大仲马。

这个故事告诉我们：许多的成功，都源于我们的自信，源于我们能够找出自身的优点，并努力地将其放大，放大到超越自己和他人的明显优势……

《自信：放大你的优点》一书中，收录了一系列有关自信的故事，意在鼓励我们也应像故事中的大仲马一样，相信自己，努力寻找自身的优点，然后将这些优势放大并为己所用，从而创造出有价值的人生。

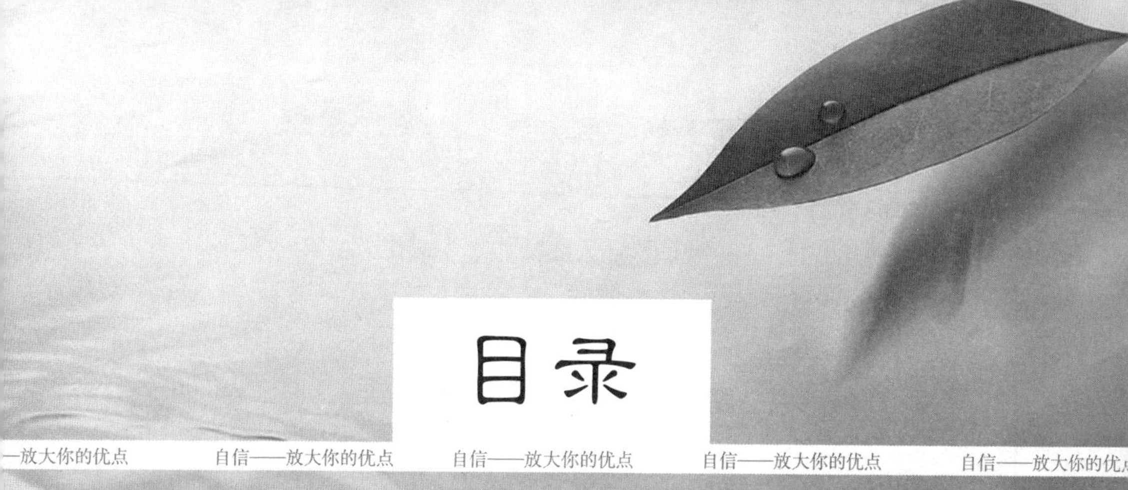

目录

第一篇　我们都能成为天使

第二篇　把灵魂的耳朵叫醒

第三篇　留在正确的轨道上

第四篇 上帝是公平的

第一篇

我们都能成为天使

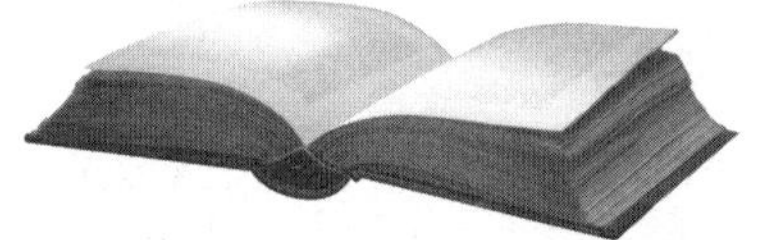

你的笑容永远灿烂

老吴醒过来了!

老吴在死亡的隧道里摸索了整整三天三夜，终于又回到生命的入口。老吴的苏醒让整座城市长长地吁了口气，鲜花和掌声将医院塞得满满的。老吴是个英雄，火海救人的英雄。

老吴很普通，普通得犹如街边的梧桐树，老吴绝对没想到自己今生还会做一回英雄。那天，老吴下班本不该从那条街经过，很像是有个导演在故意安排。老吴突然心血来潮要给自己买一条绵绸做的灯笼裤，他每天在护城河公园锻炼身体，见人家穿着灯笼裤很精神，就想也来一条。

刚拐进那条卖服装和小商品的步行街，就见有人急赤白脸地往外跑，边跑边喊，起火了!起火了!

老吴眼睛不太好，一抬头，这才看见不远的一个店铺里有火光，浓烟滚滚。老吴犹豫了一下，准备往后退，可被蜂拥而来救火的以及看热闹的人流裹挟着，被挤到了起火现场，老吴明显感觉到阵阵热浪的舔舐。有人喊，太危险了，大家往后退，给救火车让道!老吴听到远处消防车的鸣叫声越来越近。就在大家纷纷向街对面退去时，老吴突然发现，那起火的店铺里好像有个人。老吴站住了，大叫，里面有人!可没人理会老吴，店铺里不知什么东西爆炸了，人们跑得更快了。

老吴的脚挪不动了，他几乎是下意识地想到，里面那个人是我看见的，我不能跑，跑了，就是见死不救。老吴在冲进火海的一瞬间，后悔今天不该来这里，更不该看见了别人没看见的那个人。

于是，老吴抱着那个人从火海里冲出来，简直是个奇迹，当老吴浑身是火在地上打滚时，人们一时怔住了。是及时赶到的消防兵将老吴身上的火扑灭的，人们立即将老吴送到了医院。

老吴的勇敢与奋不顾身，打动了在场所有的人，又通过新闻媒体打动了更多的市民。人们手捧鲜花，络绎不绝地前往医院慰问。老吴受到的拥戴有些异乎寻常。

当老吴的神志稍稍清醒一点儿以后，得知从市长到街边捡破烂的盲流都来看过他，心里便忐忐忑忑的。他竭力追忆着那天救人的情形。他问身边的人，救出来的是个什么人？人家告诉他，救出来的是个美丽的姑娘。老吴又问，那姑娘怎么样？人家告诉他，姑娘只受了点儿轻伤。老吴还问，那是谁家的姑娘？人家又告诉他，那姑娘就是普通人家的姑娘。老吴再问，人家就说，老吴你现在特别需要安心治疗，别消耗精力，因为还处在危险期。老吴便微弱地叹息了一声，心里一堵，又昏了过去。

老吴像多数严重烧伤的病人一样，病情反复无常，一些国内著名的专家也被请来为老吴诊治。

专家们说，老吴的伤势太严重了，这样的伤势还能活着，简直不可思议，且随时都会……老吴只要一醒过来，就询问那个被救的姑娘，人们越来越难以应付老吴的询问。那天，老吴凑在前来采访的记者耳边问，那个姑娘为什么没来看我？记者怔住了，许久才说，她会来看你的。老吴说，骗人。然后昏厥过去。

后来，人们找来一个姑娘，对老吴说，这就是你救的姑娘，可老吴连眼睛也没眨一下。在场的人都愣住了。人们决定将真相告诉老吴，这样或许对治疗有好处，因为老吴反复询问那个姑娘，肯定是意识到了什么，应该尊重老吴。但医生们却又说，风险同样很大。

告诉老吴真相的任务交给了老吴的老伴儿，她噙着泪花，轻轻捧起老吴的头，隔着纱布，说，老头子，大家虽然承认你是个英雄，可你知道吗？你闹了个大笑话，你那天救出来的是个塑料模特！

老吴忽然微笑着，用异常清晰的声音说，其实我知道……说完，老吴就停止了呼吸。人们发现，尽管老吴的脸庞烧得面目全非，但那笑容却像浇铸般的硬朗、灿烂。

给老吴出殡的那天，万人空巷。

心灵感悟

不管他救出的是一个真正的人还是一个塑料模特，我想，他的确无愧于“英雄”这个称号。在灾难来临之际不全身而退，依然为想着救人而奋不顾身跃入火海，这样的勇气，值得“万人空巷”。

给美丽做道加法

就像平静的湖面落下一枚银币，突然的声响，惹得满教室的花朵晃动起来。靠窗那排坐在最后的同学，弄碎了一块小镜子。

这是上午的第二节课，老师的讲述已停了下来，同学们正进行课堂练习。有初冬的阳光从窗外涌进来，流淌在摊开着的课本上的字里行间。在教室的课桌间来回踱步，看长长短短的七排秀发及秀发下亮晶晶的112粒黑葡萄，捕捉沙沙的写字声合成的音乐，男老师感觉到自己好像一位农民在田间小憩，擦汗的同时聆听着庄稼的拔节之声。

一个小姑娘心爱的小镜子摔坏了。

教室里低低地有了议论：

“臭美！扮啥酷呀！”

“上课怎么能照镜子？”

“活该受批评了。”

“看老师怎么办？”

老师没有言语，他有意无意地聆听着同学的每一句议论。这些女孩子呀，全十五六岁年龄，作为旅游职校的新生，脸蛋、身材、口齿当初都曾经过精心挑选，一笑甜爽爽的，开了口也如一巢出窝的小鸟，没有三五分钟是静不下来的。男老师的心里笑着，他知道她们在等讲台上的反应。

其实，开始练习后不久，老师就看见那位同学悄悄摸出了小镜子。他看到她将镜片偷偷压在作业本下，写几笔作业就照一照。借着阳光，一只蝴蝶形的淡黄色的发夹舞动在她的前额，花季的脸真是漂亮。男老师想提醒她，但一时没有想好合适的话，现在经同学一催化，他忽然有了一种灵感。

他微笑着先开口问了一个物理问题。

“请说说平面镜的作用。”

“有反射作用。”这很简单，全班56个同学几乎异口同声地回答。

“是啊！”老师说，“同学们，几分钟前，我们教室里56位同学变成了57朵花，有一个同学借镜子反射出一朵。但是，镜中的花是虚的，镜片只

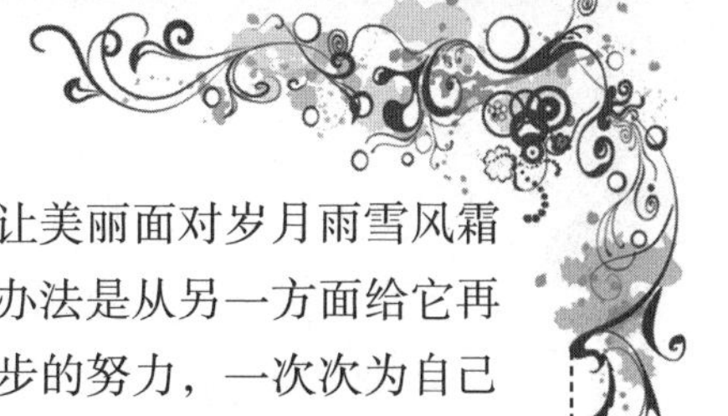

能反射美丽，并不能增加美丽。要增加美丽或者让美丽面对岁月雨雪风霜的一笔笔减数，还能保持总数不变，我们唯一的办法是从另一方面给它再一笔笔添上加数。这加数是指，我们一次次作进步的努力，一次次为自己的目标不轻言放弃，或者，一次次向我们的周围伸出自己的手……而此刻，对坐在教室里的你来说，帮助你增加美丽的是你桌上的书本。”

再也没有任何声音，一池吹皱的春水再度平静。

当天晚自习时，照镜子的小女孩儿在日记中写下了这么一句话——给美丽做道加法。

心灵感悟

正值花季年华，更应为自己的人生目标不懈努力。

十七岁那年的喇叭裤

不知从什么时候起，街上流行了喇叭裤。开始是小青年，后来连中年人也都喇叭了。20世纪80年代，中年人思想上还没完全放开，只是喇叭一点，青年人则肆无忌惮，一个比一个加大，有的裤角围长竟然达到一尺半，近50厘米啊，如同一个人的裤腰，就像小腿穿上了裙子，走路扫扫拉拉的，就这样大家看着就美。

我们目测了一下，班主任马老师的喇叭裤角至少也有九寸半。马上就要毕业了，我们几个男党女朋决定去30里以外的峄山游玩一下，目的就是想留下美好的一瞬——依山傍水照张相。借来了照相机，班长提议男生都穿喇叭裤，大家一致赞成，有几个女生还欢呼雀跃，好像男生只有穿喇叭裤才上她们眼似的。

星期天，我们都穿上家长给我们新做的喇叭裤，骑上自行车，男欢女唱地向峄山进发了。走到半路，在过一条小河的时候，我们遇到了同班同学丁晓亮。他当时正撅着屁股在漫水桥边割草，听到我们的歌声他惊讶地抬起头，我们想躲也来不及了，都不自在地和他打招呼。他看看班长胸前的照相机，目光飞快地扫过我们的喇叭裤，想说什么却低下了头。我们和他告别，走没几步，他大声喊了一句：“我能与你们一块去吗？”我们都停止了脚步，一时竟不知如何回答。

快言快语的王丽说："你家不就在这个地方，那山你还不天天爬吗？"丁晓亮搓搓手中的泥巴，把头埋得更低了，小声说："我也想和你们一块照张相。"

既然话说到这份儿上，我们谁也不好意思拒绝了。一路上我们虽然还是有说有笑，却没了先前的自然欢快气氛。丁晓亮却是很兴奋很高兴的样子，给我们讲了许多关于峄山的传说。在孔子"登峄山而小鲁"的地方照相的时候，班长有意叫丁晓亮离开我们，教他给我们照相。丁晓亮好像也看出了我们与他的不融洽，干脆抱着照相机不放，高兴而又主动担当起我们的摄影师。这样我们的合影每一处就有了两张，一张有丁晓亮，一张没有。其实想不这样找个游人帮照也行的，班长的这种做法似乎正合我们的心理，这个心理是什么，我们也说不清。

回来的路上突然下起瓢泼大雨，雨稍微一停我们立马向丁晓亮割草的那个漫水桥奔去。看着没人膝的河水我们都不敢下，丁晓亮自告奋勇地来回走了一趟说："现在还行，如果再下或者上游雨没停，再过一会儿我们想过也不能过了。"班长和大家商量了一会儿，决定男生和女生插开手拉手过河。

于是丁晓亮向大家介绍了过漫水桥的经验：移小步，脚踩实，不离地，千万不能抬高脚，一心用力在腿脚，做到目中无水，千万不能往上游看，否则会被汹涌而来的河水吓怕，心里一慌脚底就没劲了。

丁晓亮主动在前领路，我们一开始走得很好，走着走着大家都感到先前卷起的喇叭裤腿被流水冲开了，顿时一股力量裹着小腿往下拽，肯定是这喇叭形的裤角在作怪。人家心里明白，不敢出声儿，我们的快嘴同学王丽颤抖着声音说："我们今天不该穿这喇叭裤。"丁晓亮大吼一声："谁也不准说话，谁再说话过了河我就把谁揍趴下！"

眼看就要到岸了，这时上游突然漂来一棵不知从哪里冲下来的手把粗的树。丁晓亮大叫一声快走，一纵身向那棵树扑去，树与我们擦身而过，一瞬间漂得很远很远……

奔跑，哭喊，眼泪，仰天大叫，我们不该穿喇叭裤，走快一点儿就没事了……一切的一切都无济于事了。

我们一直没有找到丁晓亮的尸体，他就这样与我们永别了。

当我们去他家看望他唯一的亲人奶奶，我们才知道他的父母在他十一岁的时候因无钱治病相继去世，全靠他奶奶一手把他抚养。村里人都说他是村里最聪明的孩子，不出事肯定能考上大学的。

村里人不知，他奶奶也不知，就在几天前，丁晓亮因为偷学校食堂的饭票被学校开除了。

我们一直对他的奶奶和村里人保守这个秘密。

虽然，后来我们几个向学校倾诉了他的家庭情况，为他奶奶养老送终，了却他在天之灵的一个心愿，但我们心里总是还觉得缺少什么。

每到清明节扫墓的时候，我们心里都有一个不无遗憾的心愿——找到丁晓亮的尸体就好了，我们就可以把我们的喇叭裤给他穿上了。

虽然丁晓亮的坟墓里有我们穿着喇叭裤与他的合影，可他没穿啊！

心灵感悟

丁晓亮其实并没有死，他一直在我们心中，他原本就是个天使。

第十九个父亲

世雄叔在巷子口开了一间馄饨店，生意挺红火，都说世雄叔的馄饨店成了城里头一绝。咂咂嘴，世雄叔没喝酒也突然有了几分醉意。于是，他在煮馄饨时喜欢时高时低地哼着花鼓戏调。

眼前，他又在煮馄饨，又在哼着戏调子。

“叔叔，你店子里能不能让我打钟点工？”

世雄叔撇头瞟了一下，还没把头摆回来，又侧眼看去，这问话的还是一个大妹子。身子有几分单薄，瓜子脸。还有那双大眼睛，似乎多了几分焦虑。

“再往前走百来步一拐，就有一个劳务市场。”世雄叔随口搭了一句话。

妹子说：“我不是民工。我在师专念书，只是想在闲时出来打打工挣点钱。”

“噢，从乡下来念书的妹子吧。”

妹子点点头。

她说：“要不，让我试几天工也行吧。不满意的话，你把脸色一跌，我

就不来了。”

这话逗得世雄叔有几分乐。他正儿八经打量了妹子几眼，很干脆地：“好嘞，做几天试试看吧。来吃馄饨的大多是熟客，丑话说到前头，他们一跌脸色，你走人。”

不过，这妹子没来多久，世雄叔的脸色突然有了几分凝重。当然，他在妹子身上挑不出毛病，一看这妹子就知道是穷窝里咬牙念出书来的。于是，世雄叔就问起她的家境如何。犹豫半天，妹子才告诉他，父亲病了八年去世了，母亲劳累过度也犯了病，家里还有两个妹妹和年岁已高的爷爷奶奶。妹子说：“家里除了被盖和灶台，就是一屋子债！”听了这话，世雄叔的心堵得难受。他是一个下岗职工，明白这日子难熬的滋味。于是，他跟妹子说：“只要这店子还在，你就安心在这里做事。”

这一日，世雄叔却突然跟这妹子说：“你不要来店子干活了。”

“我什么地方做错了吗？”

“没做错什么，你回校园里读书去。”

妹子说：“我还是想挣点钱。”

“钱，我每个月照开给你。我看你呐，还是个读书的料子，回去一心一意念你的书去吧。”

“不干活，我怎么能拿你的钱呢？”

看到妹子不同意，世雄叔不由一叹：“我儿子也有你这般大了。跟他相比，妹子你太可怜了！不嫌弃我这个煮馄饨的，我就把你当成干女儿。父亲供女儿读书也算天经地义，这样说总行了吧。”

“谢谢你！不过，我不可怜。”

“哟，你还没吃够苦哇。”

“苦吃过很多，但我不可怜，”妹子望着世雄叔，好久，才说，“知道吧，你已经是我第19个父亲！”

“我是你第19个父亲？你怎么会有那么多父亲？”

妹子点点头，有点哽咽地：“这些年来，我遇到了好些好心人。他们都在帮我，这里头已经有18个伯伯叔叔把我当成义女干女。要不然，我也进不了城里念书，我妈也没钱治病。母亲说，一个女孩子这辈子做牛做马也恐怕报答不了这么多好心人，就把他们当成自己的父亲吧。在我心里，他们就是我的父亲！”一听，世雄叔激动了。刚才还觉得碰上自己这个好心人该是这妹子的幸运，却没有想到在自己前面还有许多像自己一样的父亲在帮助这妹子。同时，看样子自己也肯定不是这妹子最后一个父亲。

那第20个父亲该会是谁呢？

或许就是所有像自己一样的男人吧！

当然，所有的父亲也会为拥有这么一个女儿而高兴。因为世雄叔接下来听到这妹子说了这么一句话："即使有再多的父亲帮我，我也不能闲下自己的手。我知道，天下所有的父亲都不会希望自己生下一个懒汉女！"

心灵感悟

一位家境贫苦的乡下妹子，和19个好心的父亲，构成了一幅有关爱的画面。这位乡下妹子是幸运的，正是因为她遇到了这些好心人，才能从农村走到城市，并有机会完成学业。她也是无比幸福的，19个可以说是素不相识的父亲，用他们有力的臂膀搭建起一座坚实的建筑，让她可以在里面躲风避雨。而从结尾的一句话上看，她也是非常坚强的，虽然有那么多的人愿意帮助她，但她却依然坚持用自己的双手去创造未来。我想，她这样做，也该是对那19位父亲最好的回报吧！

永远的箫声

月色淡淡，星光淡淡，所谓月朦胧鸟朦胧的时候——一个很美的夜晚。更美的是，河对岸又传来了委婉动人的箫声，箫声缓缓地传来，听得出，今晚的吹箫人心境很平和，吹得从容不迫，吹得抒情而轻快，那箫声因了河水的滋润，愈发有一种沁人心脾的感染力。何箫箫放下了手中的书，听得如醉如痴。这吹箫人是何许人呢？

她转弯抹角问过多人，所有的回答都没能使她满意，或者说所有的回答都没能明确告诉她吹箫人是男是女，是老是少。

也许是个像《红楼梦》中黛玉那样的女子吧；也许是个退休的老人，借箫寄情，打发那长长的寂寞；也许，不，应该是个年轻人，要不，哪能吹得如此美妙，如此震颤心弦？

要说这吹箫人也真奇怪，每到天一擦黑，那箫声就从河对岸不请自来，几乎从没间隔过，那箫声既不哀怨，也不热烈，好像只是在倾诉什么。何箫箫不敢说自己是知音，不敢说自己从箫声中听懂了什么，但她感受到似乎吹箫者在传达心中的一种秘密。

倘若哪一晚对岸的箫声无缘无故沉默了，何箫箫会觉得怅然若失。是什么，她也说不清。

难道自己喜欢上了吹箫人？不会吧，连面也没见过，何许样人也不知道，喜欢又从何说起呢。只是何箫箫不止一次在箫声里描绘过勾勒过吹箫人的模样。在何箫箫的想象中，这位吹箫人一定很痴情、很古典，一定有很深的文化底子……

后来，想一睹吹箫人的真容成了何箫箫心里的一个结。有几次，黄昏后，她有意无意地沿着河边走向远方的大桥，当她到了对岸，循着箫声找啊找啊，终于找到那幢楼时，她又没有勇气上去，生怕惊破了一个美丽的梦，于是，又慢慢地回到了河的这边。

再后来，她出国留学了，她离开了河边，离开了家乡。她，再也听不到那低沉而悠扬的箫声了。远在异国他乡的她，耳畔常常回响起那熟悉的箫声。箫声，成了她永远的回忆。

何箫箫甚至想，仅仅为了这萦绕于心头的箫声，学成后也要回到祖国，回到家乡。

心灵感悟

河对岸，一曲委婉动听的箫声。河这边，一个女孩儿像箫声一样婉转的心思。就这样在夜色里架起了一座沟通的桥梁。我想，何箫箫根本就不必走进那段箫声，因为此时的箫声更多地来自于她古典的心绪。是她的心灵与箫声形成了一种美妙的合声。这样一种共鸣在夜色里才会如此恬静，如此美好。

箫声的含义无比丰富，有少女的心事，有人生中的某种希望，也有一个奇异的梦，一个秘密。等到何萧萧留洋海外时，箫声的内容又多了一层新的含义，那就是一种对祖国和亲人的思念和回报。到这时，箫声终于吹响了它最永恒的强音，走完了抵达“永远”的路程。

谁能让我忘记

说起来，已经是很多年前的事了。

怎么忘得了呢？

高考结束以后，我闲在家里，苦苦地等待。我在等待大学的录取通知书。哪个大学无所谓，只要肯录取我，它就是中国最好的大学。

我很焦急。比焦急更让人闹心的，是无聊。那可真叫无聊。连小说也读不下去。心里有事嘛。

现在我才知道，无聊，其实是人生的一种痛。

那个命根子一样的录取通知书终于来了。

我让自己的心情很尽兴地激动了一会儿，才慢慢打开那封金光闪闪的来信。

信上没多少字。很严肃，公事公办的态度。

我把信上的字，一个一个地数了一遍。又一个一个地数了一遍。周围没人。陪伴我的，是偶尔的几声鸟叫，几声蝉鸣，还有一株小白酒草，两株苍耳。

我心里悬着的石头终于落地了。我踏实了，舒服了，不知道自己姓啥了。我是早晨八九点钟的太阳了。我将光芒万丈地悬挂在刘家庄的上空了。

我没有急着回家，没有。我知道，我的父母也都在心急火燎地盼着这个好消息。我的想法是，反正他们已经盼了很久，再多盼一会儿也没关系。

我走到村外，去看望那棵老槐树。我在老槐树下站了很久，默默地流泪。看见老槐树，我的泪水就止不住了。

我听见自己在老槐树下读书的声音，往日的声音。它们没有走远，它们有着露珠一样的鲜活和清亮。

我不是看望老槐树，我是看望我自己，往日的自己。

好消息传到家里，家里的气氛立刻就变了。

爹放下饭碗，怔怔地看着他的儿子。那不是一般的看，是发了狠的，是用目光在拧。

爹的目光把我的脸拧红了。爹自己的脸也红了，红烧肉一样闪着油

光。他忘记了午睡的习惯，背着手，身子一挺一挺地出了家门。

妈也放下饭碗。她坐在炕沿上，一会儿撩起衣襟擦擦眼，一会儿又撩起衣襟擦擦眼。她说："我的沙眼病又犯了。"

爹把他的唾沫星子喷遍了刘家庄的每一个角落，然后又兴高采烈地接受着每一个角落里喷向他的唾沫星子。爹的得意忘形，让我觉得有点不自在。

这也不能全怪爹。刘家庄在地球上定居了上百年，什么时候出过大学生？

好在，两天以后，爹就清醒过来了。

爹频繁地到集市上卖西瓜。爹看西瓜的眼神很慈祥，很博爱，也很无耻。那是他儿子的路费、学费和生活费，不好好看看，行么？

我跟着爹，到集市上去卖过一次西瓜。仅仅一次，我再也不想去了。

那天很热，热得很不要脸。我的手指甲都冒汗了。集市上的人，却很少有来买西瓜的，好像吃了西瓜就会着凉似的。太可恨了。

我脸上的沮丧像汗水一样欢快地流淌着。爹看见了，他皱了皱眉头，弯下腰，从筐里挑出一只最小的西瓜，一拳砸开，递给我。

我说："爹，你也吃。"

爹说："我不吃。我吃这东西拉肚子，你吃你吃。叫你吃你就吃，哈。"

西瓜有点生，不甜，有一股尿臊味。我吃得很潦草，匆匆忙忙就打发了。扔掉的瓜皮上带着厚薄不均的一层浅粉色的瓜瓤。

爹狠狠地扎了我一眼，走过去，将瓜皮一块一块捡起来。他用手指头弹弹瓜皮上的沙土，又轮流把它们压到嘴巴上，像刨子一样刨那些残留的瓜瓤。

我的眼圈红了。

那些日子，妈像换了一个人似的。她很少说话。她喜欢盯着鸡屁股看。不光看，还经常用手去抠，抠得一丝不苟。好像我要去的地方，不是入学，而是鸡屁股。

爹说："别理她，你妈跟鸡屁股有仇。"

妈的确跟鸡屁股有仇。那一天，她又去抠芦花鸡的屁股。按她的说法，这个挨千刀的货，屁股里夹了一只蛋，两天了，还没生下来。是锈住了么？妈很生气。她把自己的手指头变成了挖掘机，在芦花鸡的屁股上开工了。她成功地从芦花鸡的屁股里挖出一泡黄水和几小片鸡蛋皮。

我走出家门的那一天，可怜的芦花鸡死掉了。

公共汽车开出很远了。我回过头，没有看见爹妈，也没有看见刘家庄。我看见的，只是几块西瓜皮和一只死去的芦花鸡。

心灵感悟

我也是农民的儿子，也是因为考上大学而跳出“农门”的人，对于作品中展现的农民生活画卷非常熟悉，产生共鸣是必然的！

作家勾勒这幅农家子弟“跳农门”的悲喜图，绝非一时心血来潮的随意之作，而是作家良心的展示图，她告诉我们生养“天之骄子”的这方土地是那样的可爱与可怜、可亲与可叹！进城安居的人们，许多都是农民的后代，当你坐在空调房里看着电视聊着国际大事的时候，是否会想起捡吃你扔掉的西瓜皮的“父亲”和“跟鸡屁股有仇”的“母亲”？

会走路的梦

1929年5月4日，上帝亲吻了一个小女孩的脸颊，于是奥黛丽·赫本诞生了。而在1993年1月20日赫本离开世界时，为赫本抬灵柩的是她的两个前夫——晚年的同居男友和一辈子的蓝颜知己纪梵希。只因为这个女人是奥黛丽·赫本，所以她的旧爱都不计前嫌，集合在一起，陪天使走完在人间的最后一程。

或许将全世界的溢美之词叠加在奥黛丽·赫本身上也不为过，正如最初面试她的一名导演对助手说的那样：“你看见过一个会走路的梦吗？我今天终于看见了。”然而，赫本的美丽，绝不仅限于她在荧幕上塑造的美好形象，还包含在她那颗慈善的心里。

从1988年到1993年，赫本将自己生命中的最后五年献给了联合国儿童基金会。她的日程表越来越紧凑，经常是一个飞行接着另一个飞行。尽管很疲惫，赫本仍然很乐于干自己的工作。

有人曾经问她，很多的不幸只依靠联合国儿童基金会是不可能解决的，你为什么还这么不遗余力地做这些事情？赫本的答案永远只有一个：“这好比你坐在自家的客厅里，突然听见街上传来一声恐怖的尖叫，随后是汽车猛烈的撞击声。你的心脏仿佛受到了强烈的冲击，你从椅子上跳起来，跑

到街上，发现一个孩子被车撞了，倒在血泊中。这时候你不会停下来去考虑到底是谁错了，是司机的车开得太快，还是孩子突然冲上马路追逐他的皮球？这时候你应该做的就是抱起孩子，赶紧送他去医院。”而奥黛丽·赫本在接受有关采访或发表演说时的开场白也通常是这样一句：“还有什么比孩子更重要呢？”

两名联合国儿童基金会的摄影师曾经描述过这样一件事情。一次，在索马里的难民营，赫本走进了一间简陋的屋子，许多饥饿的孩子在那里等待食物。在长长的队伍中间，有一位小女孩，饥饿使她看起来很虚弱。当她的目光触及赫本的时候，似乎立刻呆住了。然后，小女孩扔下手中的盘子，跑向赫本，并且紧紧地抱住了她。那一刻，她们之间的感情似乎远远超出了对于生存的渴求。女孩或许从赫本的怀抱中得到了比食物更有用的东西——那些存在于人间的温暖和希望。当时，两名摄影师都无法举起相机拍下这个镜头，因为他们觉得，这个时刻只属于赫本和小女孩。

在生前的最后一个圣诞节，赫本将她的朋友萨姆·莱文森写给孙女的一首诗读给她的儿子西恩和卢卡：

美丽的双唇，在于亲切友善的语言。

可爱的双眼，要善于看到别人的优点。

苗条的身材，要肯将食物与饥饿的人分享。

美丽的秀发，因为每天有孩子的手指穿过它。

优雅的姿态，来源于知识同行……

人之所以为人，必须自我反省、自我更新、自我成长，而并非向他人抱怨。

请记得，如果你需要帮助，请从现在起善用你的双手。随着岁月增长，你会发现，你有两只手，一只帮助自己，一只帮助他人。

在赫本温暖而安静的葬礼上，她的儿子西恩又把这首诗送还给了自己的母亲，仿佛正是赫本一生美丽本质的写照：亲切、优雅、友善、助人。

心灵感悟

赫本将永远留存在我们的记忆之中，不仅是因为她无与伦比的美丽容颜，更因为她那无与伦比的美丽心灵。

天使帽子

当杰奎琳还是小孩子时，曾对3件事情笃信不疑：“我的家人都爱我；太阳每天早上都会升起；我的嗓音很美妙。”对最后一点她尤其有把握。因为每当全家一起唱歌时，她都会扯着嗓门大喊，从来没有人阻止过她。所以当杰奎琳的二年级老师凯瑟琳嬷嬷宣布她要在圣诞节当天举行一场演唱会时，杰奎琳别提有多高兴了。

凯瑟琳嬷嬷对全班同学说：“歌唱是我们向上帝表达爱意的最重要的方式之一。”她说要根据我们的演唱天赋来编排节目，全班26个人都迫不及待地举起了手。“想独唱的同学请站在钢琴右侧，想参加合唱的同学请站在钢琴左侧。”

在嬷嬷还没有走到钢琴那里之前，杰奎琳就第一个站到了钢琴右侧。嬷嬷给了杰奎琳几支曲子，杰奎琳从中挑选了她平时在家最喜欢唱的《当爱尔兰眼睛微笑时》。嬷嬷开始弹琴，杰奎琳则以一个7岁女孩儿所能展示的最丰富的感情开始演唱。可没唱几句就被嬷嬷打断了：“谢谢你，下一位。”

当杰奎琳回到座位上时，看到有些同学在窃笑。杰奎琳想：“难道我做错什么事了吗？”

独唱的名额很快就招满了。嬷嬷听了每位同学的试唱，然后将声音接近的人编排在同一个声部，最后只剩下杰奎琳孤零零的一个人。

当其他同学开始熟悉歌谱时，嬷嬷把杰奎琳叫到她的桌前，温和地看着杰奎琳。“杰奎琳，你听说过‘音盲’这个词吗？”杰奎琳摇了摇头。“就是说你发出来的声音与你自己想象的不一样，”她拉着杰奎琳的手说，“这没什么可害羞的，亲爱的，你仍然可以参加演唱会。你做出发音的口型就可以了，但不要发声。你明白我的意思吗？”

“我明白。”杰奎琳是如此羞愧，以至于放学后她没有回家，而是直接坐公共汽车来到了多莉姑姑家。在杰奎琳眼里，没有什么事情能够难得倒多莉姑姑。在那个大多数女性都要嫁人的年代里，她勇敢地选择独身生活。她还参加过狩猎远征队，和艾森豪威尔总统握过手，吻过克拉克·盖博（好莱坞著名男影星）的脸，并打算环游整个世界。她能理解杰奎琳的世界是如何被这个可怕的发现搞得翻了天。

多莉姑姑给杰奎琳端来饼干和牛奶。“我该怎么办？”杰奎琳抽泣着说，“如果我不能唱歌，上帝会以为我不爱他的。”

多莉姑姑的手指在桌上敲着，眉头皱在一起。最后她眼睛一亮：“有办法了！我将帽子戴上！”

帽子？它能帮杰奎琳解决“音盲”这个大问题吗？多莉姑姑那棕色的眼睛盯着杰奎琳，声音忽然降了下来。“杰奎琳，我得透露一点儿天使的秘密，但首先你得发誓不会告诉任何人。”“我发誓。”杰奎琳低声说。

多莉姑姑抓着杰奎琳的手说：“当我在罗马圣彼得教堂祈祷时，曾听到旁边座位上一个人讲话。他也是个音盲，也担心上帝听不到他的歌声。那里的牧师悄悄告诉他，一小块铝箔就可以解决这个问题。”

“我不明白。”

“你在嘴里默默地念出歌词，它们会通过铝箔反射，天使就能捕捉到这些声音，把它们放到特制的袋子里，然后送给上帝。这样上帝就能听到你和同学们一起唱赞美诗的美妙声音了。”

虽然听起来有些玄妙，但杰奎琳相信万能的天使还是能够做到这一点的。况且多莉姑姑表情严肃，她是不会欺骗杰奎琳的。

“那我把铝箔藏在哪儿呢？”

“藏在我的帽子里，”多莉姑姑说，“我会坐在演唱会的前排。不要对凯瑟琳嬷嬷和你的父母泄露一个字。”

圣诞节那天，全家都去观看了杰奎琳的表演。杰奎琳紧紧盯着多莉姑姑的帽子，根本不去考虑在场的人能否听到自己的声音，杰奎琳沉默的歌声是唱给上帝一个人听的。演出非常成功，多莉姑姑夸杰奎琳的表演具有“奥斯卡水准”。

4年前多莉姑姑去世了，享年90岁。葬礼结束后，杰奎琳和其他晚辈们聚在一起，追忆这位令人尊敬的姑妈。他们吃惊地发现，她的“天使帽子”曾帮过他们中的许多人。一个口吃的外甥盯着多莉姑姑的帽子，完成了自己首次登台演讲；一个胆小的侄女勇敢地参加学校的戏剧演出，并在拼写比赛和天才竞赛中获奖，就因为多莉姑姑戴着帽子坐在前排。她让他们相信天使就在他们身边，帮他们完成了许多自以为不可能完成的任务。

即使到了现在，当杰奎琳在生活中遇到挫折时，还会想起多莉姑姑和她的“天使帽子”。杰奎琳童年时的信仰仍然没有改变：“我的家人都爱我；太阳每天早上都会升起；在那个难忘的圣诞节表演中，我拥有最美妙的声音。”

心灵感悟

对于一个正处于失意无助的人，一个温馨的微笑，一句真切的微笑，一束赞许的目光，这些简单的行为却意味着一些特别的东西，是一生受用的礼物。它会给人如沐春风的温和，畅饮甘泉的清凉，甚至还可以改变人的一生。

我们都能成为天使

我，还是一名中学生的时候，发生了一件难忘的小事。

那是一个星期五，我在放学回家的路上看到刚转到我们班的同学凯尔，他手中抱着一摞厚厚的书。我想：为什么要把所有书都带回家呢？他一定是个书呆子。这时，突然来了一大帮孩子，故意把他手中的书打翻在地，还有人在凯尔脚下使了个绊儿，他随即倒地。

这时凯尔的眼镜飞了出去，他抬起头看了看，我从他眼中读出了痛苦，我的心随之一紧，然后朝他跑去。

他趴在地上摸索着找眼镜。我把眼镜递到了他手上。他向我道谢，脸上浮现出了笑容，那是发自肺腑的感激的笑容。

我得知，原来我们住的地方相距不远。于是，我们结伴回了家。我觉得他这个人还不错，就问他是否有兴趣周六一起去踢球，他欣然同意了。

整个周末我们都混在一起，他给我和我的朋友们留下了非常好的印象。

此后，我和凯尔成了最好的朋友。

多年后，凯尔特别邀请我去参加他的大学毕业典礼时。他在致辞中说：“毕业典礼是对帮助过我们的人表达谢意的最好时刻。我要借这个机会，感谢我最好的朋友。”

接着，他开始讲我们相识的故事，我惊讶得睁大了眼睛。直到那天我才知道，多年前的那个周末，他原本是打算自杀的！他说自己已经整理好了学校的柜子，并把所有的书都抱回了家，这样，妈妈在他死后就不

必特意去学校整理他的遗物。说到这里，他看着坐在台下的我，脸上浮现出笑容，他接着说："然而，我很幸运，是我的朋友把我从死亡的边缘拉了回来。"

那一刻，我才真正理解了他的话："永远不要低估你的行为能够产生的力量，你一些小小的举动就可能改变一个人的命运。上天让我们每个人都面对一些生命，让我们以某种方式影响一些生命。"

用自己的快乐和爱心去照亮他人的生活，这样做永远都是值得的。当我们的翅膀折断，无力飞翔时，身边的朋友就是把我们拥入怀中的天使。

心灵感悟

永远不要低估你的行为能够产生的力量，也许更多的时候，只是一个动作、一句话，甚至只是一个微笑……

"我"只是为凯尔拾起眼镜，这样一个小动作，却在凯尔人生最低谷的时候，给予他温暖，拯救了他的生命，照亮了他以后的生活之路。

像这样的举动虽然简单平常，却能在不经意间悄悄触动他人的心灵，甚至改变他人的命运。

每个女孩都是天使

安琪是我们初二（3）班最受男生欢迎却最不受女生欢迎的女孩。

安琪的妈妈是做服装生意的，很年轻，打扮也很赶潮流，和安琪站在一起像是姐妹俩，这让我们都很羡慕。可是安琪没有爸爸，所以镇上的人都怀疑起她妈妈的个人作风问题。想想也是，如此漂亮的女人怎么可能没有感情纠葛呢？不过她总是热情地和我们班的同学打招呼，还让我们多多关照安琪。

安琪本来就长得不错，精致的五官，眼睛很黑很深，好像会说话，皮肤白白的，婴儿般的水嫩。再加上很会打扮，穿着入时，站在人群里很突出，像一只高傲的天鹅，而我们剩下的女生就是作为陪衬的丑小鸭了。

赵梅特别反感安琪。因为赵梅读小学时也是全校公认的一枝花，高傲得不得了，可是一进入初中，就被外来的安琪夺走了所有的目光和喝彩。

这使得赵梅很没面子，常常在私底下说安琪漂亮全靠有个做服装生意的妈妈，要是没有这么多漂亮衣服支撑着，她肯定也会淹没在人群中。也许不完全是这样，因为在赵梅有意识注意打扮以后我们还是觉得她不及安琪，因为赵梅的漂亮是俗气的那种，而安琪则是超凡脱俗的。

我们班的男生数学学得特别好，参加全国数学竞赛都能拿好几个奖回来，女生呢，通常只有安琪能在初赛中胜出参加最后的决赛。她拿一个鼓励奖和一个三等奖，所以男生对安琪是很尊重的，说她既有美貌又有智慧，说她真的是天使，“安琪”本来就是天使的意思嘛。

总之，安琪在男生中人气指数是很高的，生日的时候，雪片似的贺卡飞过去。一到下雨天，会有男生排长队要把雨伞借给她，每天还有不固定的护花使者送她回家。来实习的男老师上课点名的时候都多看她几眼，解答她的提问也会特别有耐性。去春游，碰到其他学校的学生，陌生的男生都会追着她吹口哨。不过也没见过她答应了谁或者是得罪谁，总之她和所有的男生关系都很铁。就连那个不声不响的王云也暗恋她，有过含蓄的表示。王云可是我们很多女生心目中的白马王子，不仅长得帅，而且学习棒，又乐于助人。赵梅和他是青梅竹马一起长大的，以前他们的关系一直不错，可是自从有了安琪，王云明显对安琪亲近，这让赵梅更加恼火。

总之我们女生都不喜欢安琪，因为她夺走了所有男生的目光，她那么鲜活亮丽，让我们黯然失色。没有女生愿意和她同桌，也没有哪个女生愿意和她一起吃午饭。“三好学生”评选的时候，全体女生都很有默契地没有选她，最终一个各方面逊色很多的男生获此殊荣。上体育课的时候，我们都挤作一团嬉笑玩耍，只有安琪远远地一个人站着，更像一只离群索居的高贵天鹅了。

安琪有成群的仰慕者，却没有一个知心的朋友。不过她好像也不怎么介意，依旧做她既高贵又孤独的天使。她不会主动和你套近乎，见了面只是给你一个惯常的微笑。也许她也知道就算主动接近我们，我们还是不理睬她。

安琪有一个与众不同的地方是她用左手写字，谁都不知道她为什么会这样？但至少大家都很钦佩她能这样，因为我们写字都是从左到右的，用左手的话会很别扭。安琪就是安琪，连写字都与众不同。到了初三，安琪更加突出了，又拿物理竞赛的奖又拿作文竞赛的奖，简直就是一个全能的才女，连很多骄傲的男生都不得不俯首称臣。王云更是在公共场合说安琪是他出色的竞争对手，也是最好的朋友，他们还常常被老师誉为最佳搭档呢。赵梅的火气是越来越大了，她有一次偷偷把安琪的自行车的气给放了，安琪着急得很，这个时候王云过来陪她去车铺打足了气还送她回家。赵梅嫉妒得在教室里又是砸桌子又是扔扫帚，可是这些管什么用呢。

初三下学期，重点中学给了我们一个保送名额，学校经过商议把这个名额给了安琪，但是一定要通过民主选举才能最后定下来，重点中学的领导到时也会来检查。那些领导先是找了安琪谈话，可能交谈结果很满意，安琪是微笑着从会客室走出来的。接下来他们又到了我们教室说想听取大家的意见，开民主生活会，当然安琪是回避的。

一开始大家都不肯发言，沉默着，谁都怕说错话。在领导的再三鼓励下，大家才开始说安琪成绩很好，各方面都好。“那么她的人缘怎么样呢？”领导又问，“我们想从各方面对她有个了解。”

大家你看我我看你，谁都不说话，教室里连蚊子飞过的声音都那么清晰。“安琪只和男生要好，平时根本就不理我们女生。”赵梅尖细的声音一下子打破了安静。

“安琪很注重打扮，和每个男生的关系都很好，可是她没有一个女生朋友。她只管自己成绩好，却从来不帮助我们女生一起进步。”赵梅接着说，她肯定是想借此机会来发泄几年来的不满和委屈。

接着领导问我们是这样吗？我们都点了点头。安琪的确没有女生朋友，可那是我们不愿意接近她，并不是她不理睬我们。安琪的确受男生瞩目，可那是她的错吗？领导意味深长地点了点头，然后走了。

后来那个保送的名额给了王云，事情来了一个一百八十度的转弯。

这个消息在全校公布以后，大家议论纷纷，都在猜测为什么安琪中途被放弃，各种说法都有。得知消息的安琪在走进教室的一刹那晕倒了，我们都觉得过意不去，可是再想想自己也没有做错什么啊，于是又心安理得了。

这样的日子过了几天，班主任给我们开了一个班会，是关于安琪的。班主任说安琪的身体出了点“故障”，要在医院待一些时间，那都是我们的年少无知引起的。

“唉，你们这些不懂事的孩子啊，让我说什么好呢？”班主任叹了口气，不再说什么，教室里又是可怕的安静，如同那次领导来检查。

那个明媚的下午，我们全班浩浩荡荡去医院看安琪。安琪的妈妈依旧热情接待了我们，脸上还挂着泪痕，也许安琪真的病得很重。

情况比我们想象的还要严重。

安琪的妈妈说安琪生下来就有心脏病，靠右的心脏近乎瘫痪，所以她写字只能用左手。她奶奶嫌弃她，要把她送到福利院去，让她妈妈再生一个健康的孩子，可是安琪妈妈不答应，于是安琪的爸爸和她离婚了。安琪妈妈一个人把安琪带大，其中的艰辛也就不说了。

安琪的身体一直不好，可是她从来都没放弃过学习，本来体育课是可以免修的，可是她吵着要和我们一起上，她说她不想让自己特别。但是每次体育课过后她都会难受好一阵子，要借药物才能缓解过来。安琪一直希望人家能把她当做正常人对待，所以她一直默默坚持，就连班主任也是最近才知道她的病情。

医生说安琪随时都可能会倒下，最乐观的预计也是到二十多岁。总之，安琪会带着遗憾离开这个世界。安琪的每一天都是她生命的倒计时，所以她格外珍惜。她去学唱歌、学绘画，她害怕时间真的不够用，所以想抓紧时间好好地体验生命。她尽量做一个好学生好女儿，不让大家为她操心。

她也努力做一个优秀的女孩儿，可是我们这些无知的女生啊！安琪妈妈一直建议她考中专，生怕高中三年的学习生活会彻底击垮她的身体，可是她的梦想是考上医科大学，要找到一种治愈类似于自己的病人的方法。她说有限的生命不想虚度，真的，当有一天你的生命也进入倒计时的时候，你绝不会愿意碌碌无为地走过这段日子，肯定是想让它每一刻都精彩都有意义。

安琪有很多漂亮的衣服，那是因为她的人生实在太短，所以安琪妈妈想尽量让她每一天都能光彩照人，充分享受一个女孩的权利。唉，没想到这居然成为我们排斥她的理由。

安琪妈妈说这些的时候，整个病房都寂静得可怕。她哽咽着说了这些，眼泪肆无忌惮侵蚀着这个漂亮女人的脸，梨花带雨也有别样的美丽。

我看看周围的女生，都含着悔恨的泪花，因为年少而犯下的错误会被原谅吗？

安琪躺在病床上，脸色很苍白，她微笑着看着我们，这是我们第一次看到她穿着简单的病号服，原来她穿什么都很动人，我看到了一种名为气质的东西在她身上闪耀。真的，她的笑是那么温和，好像从来都不知道什么是憎恨，她那样恬静地笑着，午后的阳光照耀在她身上。男生都送上了礼物，有音乐盒，有巧克力，还有鲜花。我们女生都躲在后面，不敢看她那么明亮的眼睛。

“你们过来吧，怎么啦，我有那么可怕吗？”安琪招招手示意我们走到她的床边。

那个时候，安琪的妈妈和班主任以及全体男生都走了出去，只剩下我们女生和安琪面对面说话，我们都低着头不敢看她的眼睛。那个下午安琪说了很多很多，说她的童年，说她的求学历程，说她对未来的期待。那么坦诚的交谈还是第一次，我们终于承认安琪确实是天使，不仅是男生的天使，也是女生的天使。

赵梅哭得很大声，眼泪像决堤的河水泛滥，一发而不可收。安琪用手帕给她擦干了泪水：“你没有做错什么，真的，不要放在心上。”“其实每个女孩都是天使。”这是安琪说的话，让我们牢记一辈子。

每个女孩都是上帝派往人间的天使，谁都不该看轻自己。天使要履行给人带来快乐的责任，安琪说她很抱歉，她没能给我们所有的人带来快乐。但是谁都不会否认安琪就是传说中的那个天使，原来天使真的会降临人间。

那个下午的交谈是我们这些女孩子经历蜕变的过程，也许真正长大也只是在瞬间。

安琪住院期间，王云每天都给她送复习资料。因为他被保送了，可以不去学校上课了。王云一度想去找学校谈谈，把这个保送的名额还给安琪，被拒绝了，她说她也想试试自己的临场应战能力。赵梅呢，每天都认真地记录上课的笔记，让王云带给安琪。我们全班的奋斗目标是不仅要自己考好，还要让安琪顺利进入重点高中。

安琪出院以后，每天坚持来上课上晚自修。看着她越来越苍白的脸，我们真的很不忍心。但是她微笑如昔，说多一份人生经历也是一种财富。

那个炎热的夏天，我们初三（3）班有11个同学拿到了重点中学的通知书，这是我们学校创办以来的最高纪录。安琪的考分是全校最高的，她又一次绽放出美丽的笑容。

谁能想到也就在那个炎热的夏天，安琪却离开了我们。

八月，我们参加了军训，安琪完全有理由不参加，可是她一如既往和我们站在一起来。我们是在军训结束以后从爸妈的口中得知的，因为学校向我们封锁了所有的消息，我们过了一个看似轻松的军训，然而心情却是那么沉重。

后来我们女生还是会常常去安琪妈妈的服装店，这个漂亮的女人开始衰老了，时间就是这样无情的东西。我们总是能享受贵宾的待遇，所有的新装都会给我们打八折。安琪妈妈说因为看到了我们，也就像看到了安琪，每个女孩儿都是天使。

心灵感悟

她那乐观的态度、横溢的才华以及令人痛心的病逝，给人一种凄厉之美。愿天使永存人间。

苍耳

小时候，总在家乡的庄稼地里摘棉花或者是挖野菜。每逢从田间走出来，就会发现衣服上沾着许多带刺儿的小球，它们牢牢地跟着你，仿佛是你生命中不离不弃的一部分。

“讨厌!”费老大劲把这些小东西弄掉之后，我都会不由地说。

那时候，还经常有一个男孩子找我的麻烦。不是借我的铅笔刀赖着不还，就是把我的作业本弄破，或者是跟在我身后一迭声地喊:“臭美!臭美!”甚至给我起了一个长长的绰号:大辫子小妖精。看到他我就头疼，却是跑也跑不了，逃也逃不掉——我和他非但是同班，而且座位还离得很近。

我一直不知道自己在什么地方得罪了他，让他这样不喜欢我，这样和我过不去。这个疑惑，经历了漫长的15年，在一次偶然的相遇中，我才有机会向他问起。

“还说呢，”他腼腆地笑了，“那时候你傲得很。我怎么巴结你，你都不理。”

“你巴结我?”我哭笑不得，“你简直是成天在想着怎么让我不高兴!”

“你以为成天想着怎么让你不高兴是件挺容易的事吗?你以为每个女孩儿都值得我花费这么多的心思吗?”他的目光转向别处，有些调侃，又有些不容置疑的认真，“如果不是今天，我原本永远都不打算让你知道的——你是我当时狂热单恋的对象。”我吃惊得说不出话来。

“只是，当时的你，根本没有一丁点儿爱情的细胞。而我呢，又不懂得一丁点儿表达的方式。

只知道要让你看见我，要让你知道我，要让你注意我，就像我看见你

知道你注意你那样。结果……”

“是对牛弹琴。”我笑道。

“不，是对牛乱弹琴。”他也笑了。

一场可爱又稚气的玫瑰情事就这样被我们以成人的方式平淡而温暖地消融和化解。我的眼前却突然浮现出田地里那些小小的苍耳。不错，它是有刺，而且它也是那么亲密甚至是顽固地跟着你，但是，最关键的是，它真正地扎过你吗？

没有。

也许，那个男孩儿在少年时默默给予我的那种爱恋便是这样的吧。没有逻辑，没有秩序，没有温柔，没有芬芳，有的只是复杂、混沌、酸涩和矛盾。她像苍耳一样，以荆棘的姿态靠近我，用小小的刺触动着我。在浑然不觉间，我已经带着她穿过了一条又一条岁月的河流。

心灵感悟

行走在田间地头，总会遇上那些带着刺儿的苍耳沾上衣服，让人不胜其烦。可回过头想想，那些苍耳真正扎过你吗？没有，相反，它还在你的记忆深处留下了淡淡的印痕。少年时的爱恋便是如此，没有芬芳，没有逻辑，有的只是复杂，有的只是矛盾……

谁年少时没有动过爱恋的心思啊？那种感觉，想见却又怕见，想接近却无从下手，想表现却弄巧成拙，混沌而又酸涩，单纯而又美好。其实，年少时总对异性有朦胧的好感，这是青春期的征候，无可厚非，然而太过年轻只能选择观望，就像一枚青果，远远瞧着感觉多好，试尝一口却是酸涩难耐。

还是将这一份小小的爱恋珍藏心间吧，它会陪你走过一程又一程，它会在某一瞬间温暖你疲惫的心灵。

聆听秋天

邻居的小男孩小宇，是个失聪的孩子。

秋天到来以后，小区后面的农田稻子飘香，黄豆饱满，麻雀不停地纷

飞吸引着小宇。这个小男孩，整天在农田的小埂上流连忘返。

一天清晨，我在农田附近的马路上跑步，小宇在马路附近的小埂上穿梭，因为常在其间游戏，他走得很轻捷。

终于，他在一株黄豆前停下来。

小宇是个心细如丝的孩子，我相信，他那没有听觉的世界，和我们一样有着丰富的声响世界，甚至可以有比我们更丰富更加美妙的声音。我们用耳朵听到嘈杂纷呈的世界，小宇却用他的心来感受大自然的天籁。小宇的面前，同样是一个丰收在即、鸟鸣虫啾的秋天。

小宇极缓极缓地伸出他的手，前倾着身子，极其准确地伸向一挂饱满的豆荚。

我几乎要冲上前去，因为那株黄豆上，正停着一只鸣叫的蛐蛐。

小宇右手的拇指、食指悄然一捏，竟然逮住了那只蛐蛐，随即，他把它凑近耳朵，闭着眼，露出一脸的满足。真是一个奇迹，蛐蛐的鸣叫把这个失聪孩子的灵性唤醒了。

小宇把蛐蛐从右耳移到左耳，他的脸上充满了喜悦。这是一次全新的收获，他的心灵聆听到一个他从未体验过的声音。

我静静地站在一旁，看着小宇。我仿佛听到了他万籁齐鸣的内心世界，一瞬间，我深深地感动着。

在秋天的深处，小宇细细地聆听着秋声。许久，他又松开手，蛐蛐一跃，又飞入豆丛中，小宇侧身竖耳在寻觅它继续鸣叫的方向。

小宇的心上，此刻一定敲响了生命中最真切的声响，蛐蛐在他6岁的人生中划过一道极强烈的音符，叙述着聆听与天籁的概念。

我没有惊动小宇，因为他正去稻田，触摸稻草人，斜歪着头，让右耳对着天空，聆听麻雀喜悦的鸣叫……

小宇在这个稻子飘香、丰收在即的早晨，用他的耳朵告诉我这样的道理：谁都有生活的权利，谁都有权创造纯粹自我的缤纷世界……

心灵感悟

对于心中装载着世界的人而言，世界自在他心中。罗素说过："这世界上并不缺少美，只是缺少发现美的眼睛。"爱迪生也说过："最能直接打动心灵的还是美。美立刻在想象里渗透着一种内在的欣喜和满

足。”小宇虽然听不见蛐蛐的鸣叫，听不见小鸟的歌唱，可是他在认真地、仔细地用心聆听，或许，在他想象的空间里，他感受到了美丽的音符的舞蹈，他聆听到了来自天籁的弹唱，他触摸到了美的气息……

失去你，拥有这世界又如何

我常想，这和我患难与共的世界究竟是什么姿态，耳边此起彼伏的海浪哗然的叹息，它拍打岩石时的动作一定是特立张扬，要不我怎么会听得出它不顾一切的愤懑挣扎呢？人们告诉我海远得无边无际，他告诉我海碧蓝碧蓝，像我的眼睛般清冽剔透，让人心碎。我从没有看见过这个我朝夕与共的世界，但我在别人的生活里聆听着人们的笑声，我也跟着轻轻地笑，尽管眼里经常泛着懵懂的泪花。

那年我6岁，他18岁，他说他考上了中国最好的大学。

他说他要上学走了，我拉着他的手不肯放开，他蹲下身：“我会给你写信的，这样无论我走到哪里，你都能有我的消息。”我用手去探索他的脸，他的头发、他的耳朵、他的额头、他的鼻翼、他的脸庞、他的嘴唇，我用手触摸过的地方，我用心将他牢牢记住。

我看不到他离去的背影，我的身体朝向他离开的方向长久地矗立，我那双他说像海一样的眼睛里流出了和海一样味道的东西。

我去了盲人学校，这让我最高兴的是可以给他写信了。我每天所有的希望就是等，等他的信，他很坚守诺言，虽然信很短，但他的消息是支撑着我每一天生活下去的理由，他告诉我他得了奖学金，他告诉我他的文章在杂志上发表了，名字叫《她的世界》，他告诉我他常在未名湖边读书，抬头就能望见那一汪湖水，像我的眼睛。

我时常捧着一个木盒在海边静坐，那木盒里整齐地叠放着他给我的每一封信，我将它捧在怀里，海在我脚下翻卷着，我就将我一腔的心事讲给海，潮声凄切，给我只有我能懂的回应。

就这样，我把他想成了心事。他告诉我他恋爱了，他说那女孩子有和我一样清澈的双眸，他们一起到未名湖读书，这样我们三个就可以在一起了。我拿着这封信，面朝大海，那个和海一样味道的东西，从来没有如此的汹涌过。

4年后，他带着那个女孩回来了，他依然抚摸着我的头，告诉我他回来了，我静静地笑，我的手再一次触摸到那深刻在我记忆中的面容，我摸到了他下巴上和曾经不一样的光滑，他笑着告诉我，那是胡子，男人都会有的。他的女朋友有银铃一样的笑声，他们就左右地牵着我的手在海边散步，我记得我始终是静静地笑。

又过了4年，他告诉我他已经是物理博士，并且告诉我他结婚了，定居在美国。有一天，他和他的妻子一起回来了。他说："你长高了。"我可以站着触摸他的脸颊，他的头发比记忆中生硬了，他的鼻翼比过去更挺拔了，被胡渣包围的嘴角似乎比以前更坚毅了。他不再牵我的手，只是笑着告诉我："你是非常漂亮的女孩！"我第一次在他面前流了那海一样味道的东西，他用手轻轻拂去那泪珠，我将脸埋在他的掌心里，问他："你以后还能来看我吗？"

又一个4年，他自己回来了，他却不让我再碰他的面容，我就去拉他的手，他的手带着他的体温，依然温暖，他轻轻地回应，然后紧紧握住。他说："你是大姑娘了。"他的声音依然平缓，却多了些许的低沉。不知为什么他这次一个人回来却很少和我相处了。我坐在海边，从没有一刻，心如此凉冽。我从没有得到什么，却感觉失落了那一定是什么让我活下去的东西。

我疯狂地找到他，我捧着我的木盒，我给他看那里叠满了他的信我的心事的木盒。我感觉他的叹息，这是我生命中从来没有经历过的，我疑惑地眨着我那看不到他表情的眼睛，"怎么了？"我触摸他，他握住我的手。

我们没有单独地相处过，童年时的记忆深刻在我的生命里，我仿佛又回到那温软的年代，他的声音依然是我的阳光，不刺眼、不焦灼，他的气息始终游荡在我的世界，如今他的气息如此咄咄逼人，离我这么近，而他的心却仿佛骤然远了。那种恍若失去他的恐惧让我再一次从我的眼睛里流出那海一样味道的东西。"别离开，这次。"我猛地抱住他，我梦寐一生的怀抱啊，容纳了我所有的委屈和等待。他的气息让我晕眩，他的心跳让我战栗，我将脸埋在他的胸前。

他在木讷中轻轻拥我入怀，他缓缓地轻吻着我的头发，我的心一阵一阵地荡漾着。我告诉他，我不能再失去他了。他沉默地抱起我，我感觉到了他凉凉的泪水和着我的眼泪流淌，我紧紧抱住他，也紧紧抱住我的世界。“我的姑娘。”他轻轻地叹息着。

除了童年的那一段时光，我从没有像现在这样快乐过，我战战兢兢地接受每一个快乐的日子，我害怕他再次从我的生命里溜掉。我们一起在海边听潮宣泄，他给了我他的世界，一个男人的世界第一次在我的心里展开，他低沉深缓的声音，我听得出包含着无奈和某些沉痛的失望，我的灵魂游移于一个人的过去，在他的人生里沉浮着自己的情感。

原来生活可以是以这种姿态出现的，尽管我看不到自己的眼睛，但我想，它一定是傻傻地出了神。我常感觉他在笑，虽然无声无息，但我能感觉那份温暖，他也常说：“我很久不知道笑是什么滋味了。”为什么呢，如果我生活在光明的世界，我整日地可以笑出声音，让万物随着我的笑声而绚烂。

我伏在他怀里问他，女巫为什么从没有在我的生命里出现，无论我经历怎样的痛苦，我的心愿就是想看看这个世界，看看你。他捧着我的脸说：“上帝给了你如此的容颜，所以就不会再给你看这世界的权利，人不能要求太多。”是啊，我已经得到了我的最爱，我为什么还要奢求呢。

“你真的想看这个世界吗？”他问我。“嗯，我非常想，梦里常梦见自己想象的世界。它能是什么样子呢？”“那好。”他将我的头深埋在他的胸口，我听到一种近乎痛苦的心跳。“我爱你。”他的吻重重地落在我的头发上。

他带我到了美国，找到世界上最好的眼科治疗中心，在那里开始了我的治疗，在那段时间，他很沉默，只静静地守候在我身边，我想他一定是害怕我治疗失败。他咬着我的手指，疼得我失声，他又慌忙地亲吻我的双手，我突然感觉到有凉凉的东西滴落在我的手上，我伸手去触及他的脸庞，他猛地抓住我的手，竟无声地啜泣。我紧紧地抱住他，从没有一刻，那么让我惊恐茫然过。

当阳光刺痛我的眼睛时，当这个我熟悉而又陌生的世界在我眼前展现时，面对这些陌生的面孔，我却无法辨认他，也没有人承认是他，他只留给我一封信，也是他给我生命里的最后一封信。

当你能看见这个世界的时候，我却不能让你看见我了。我在一次物理实验中被毁了容，我已经眼睁睁地面对过一个女人的离去，我不能再面对心爱的你离我而去，你给了我这世界上最宝贵的爱，我给了你这个世界，就让所有美好的过去存在于我们的记忆里，这个你梦寐以求的世界就是如此残酷。不要奢望太多，当你得到了一种幸福，你就必须放弃另一种幸福。好好生活吧，我的姑娘，这个世界大得让你惊奇。

一定是生命对我做了什么我不可忍受的事情，握着这封信，我失声痛哭，如果阳光有过罪恶，它刺痛的不仅仅是我的双眼。生命那么轻，而我却有拿不起来的沉重。我深深地闭上眼睛，对医生说：我想回到黑暗而无限光明的世界。

心灵感悟

我们以为自己拥有的不幸是阻止幸福的根源，却在变得完美后才发现幸福早已悄然离去。爱情里的人都是脆弱而敏感的，同样害怕看到爱人眼中不幸的自己、同情的目光，所以他们才选择逃避，选择离开。其实，爱人之间本来就是互补的，或许，不完美才是一种幸福。

我的生命不要被保证

杰弗里·波蒂洛上小学六年级的时候，考试得了第一名，老师送给他一本世界地图。

波蒂洛好高兴，跑回家就开始看这本世界地图。那天正好轮到他为家人烧洗澡水，波蒂洛就一边烧水，一边在灶边看地图。看到一张埃及地图时，他想："埃及很好，埃及有金字塔，有埃及艳后，有尼罗河，有法老王，有很多神秘的东西，长大以后如果有机会我一定要去埃及。"

当波蒂洛正看得入神的时候，突然有一个大人从浴室里冲出来，胖胖的，围一条浴巾，用很大的声音对他说："你在干什么？"

波蒂洛抬头一看，原来是爸爸，赶紧说："我在看地图。"

爸爸很生气，说："火都熄了，看什么地图？"

波蒂洛说："我在看埃及的地图。"

爸爸就跑过来"啪、啪！"给他两个耳光，然后说："赶快生火！看什么埃及地图。"打完后，又踢了波蒂洛屁股一脚，把他踢到火炉旁边去，用很严肃的表情跟他讲："我给你保证！你这辈子不可能到那么遥远的地方，赶快生火！"

当时波蒂洛看着爸爸，呆住了，心想："我爸爸怎么给我这么奇怪的保

证，真的吗？这一生真的不可能去埃及吗？”

20年后，波蒂洛第一次出国就去埃及，他的朋友都问他：“到埃及干什么？”

波蒂洛说：“因为我的生命不要被保证。”

他果然跑到埃及去旅行。

波蒂洛坐在金字塔前面的台阶上，买了张明信片写信给他爸爸。他写道：“亲爱的爸爸：我现在在埃及的金字塔前面给你写信，记得小时候，你打我两个耳光，踢我一脚，保证我不能到这么远的地方来，现在我就坐在这里给你写信。”

写的时候，波蒂洛感触非常深……

心灵感悟

心有多大，舞台就有多大。

知心的礼物

我第一次跑进魏格登先生的糖果店，大概是在4岁，现在时隔半世纪了，我还清楚地记得那间摆满许多一分钱就买得到手的糖果的可爱铺子，甚至连它的气味好像都闻得到。魏格登先生每听到前门的小铃发出轻微的丁当声，必定悄悄地出来，走到糖果柜台的后面。他那时已经很老，满头银白细发。

我在童年从未见过一大堆如此富于吸引力的美味排列在自己的面前。要从其中选择一种，实在伤脑筋。每一种糖，要先想象它是什么味道，决定要不要买，然后才能考虑第二种。魏格登先生把挑好的糖装入小白纸袋时，我心里总有短短一阵的悔痛。也许另一种糖更好吃吧？或者更耐吃？魏格登先生总是把你拣好的糖果用勺子盛在纸袋里，然后停一停。他虽然一声不响，但每一个孩子都知道魏格登先生扬起眉毛是表示给你一个最后掉换的机会。只有你把钱放在柜台上之后，他才会把纸袋口无可挽回地一扭，你犹豫的心情也就没有了。

我们家离电车道有两条街口远，无论是去搭电车还是下车回家，都得经过那间店。有一次母亲为了一件事——是什么事我现在记不得了——带我进城。下了电车走回家时，母亲便走入魏格登先生的商店。

“看看有什么好吃的东西可以买。”她一面说，一面领着我走到那长长的玻璃柜前面，那个老人也同时从帘子遮着的门后面走出来。母亲站着和他谈了几分钟，我则对着眼前所陈列的糖果狂喜地凝视。最后，母亲替我买了一些东西，并付钱给魏格登先生。

母亲每星期进城一两次，那个年头雇人在家看小孩几乎是闻所未闻的事，因此我总是跟着她去。她带我到糖果店买一点糖果和小点心，已成为一项惯例。经过第一次之后，她总让我自己选择要买哪一种。

那时候我还不知道钱是什么东西。我只是望着母亲给人一些什么，那人就给她一个纸包或一个纸袋。慢慢地，我心里也有了交易的观念。某次我想起一个主意，我要独自走过那漫长的两条街口，到魏格登先生的店里去。我还记得自己费了很大气力才推开那扇大门时，门铃发出的丁当声。我着了迷似的、慢慢走向陈列糖果的玻璃柜。

这一边是发出新鲜薄荷芬芳的薄荷糖，那一边是软胶糖。颗颗大而松软，嚼起来容易，外面撒上亮晶晶的砂糖。另一个盘子里装的是做成小人形的软巧克力糖。

后面的盒子里装的是大块的硬糖，吃起来把你的面颊撑得凸出来。还有那些魏格登先生用木勺盛出来的深棕色发亮的脆皮花生米——一分钱两勺。自然，还有长条甘草糖。这种糖如果细细去嚼，让它们慢慢融化，要不是大口吞的话，也很耐吃。

我选了很多种想起来一定很好吃的糖，魏格登先生俯过身来问我：“你有钱买这么多吗？”

“哦，有的，”我答道，“我有很多钱。”我把拳头伸出去，把五六只用发亮的锡箔包得很好的樱桃核放在魏格登先生的手里。

魏格登先生站着向他的手心凝视了一会儿，然后又向我打量了很久。

“还不够吗？”我担心地问。

他轻轻地叹息。“我想你给我给得太多了，”他回答说，“还有钱找给你呢。”他走近那台老式的收款计数机，把抽屉拉开，然后回到柜台边俯过身来，放两分钱在我伸出的手掌上。

母亲晓得我去了糖果店之后，骂我不该一个人往外跑。我想她从未想起问我用什么当钱，只是告诫我此后若是不先问过她，就不准再去。我大

概是听了她的话，而且以后她每次准我再去时，总是给我一两分钱花，因为我想不起有第二次再用樱桃核的事情。事实上，这件我当时觉得无足轻重的事情，很快便在成长的繁忙岁月中被我忘怀了。

我六七岁时，我的家迁到别的地方去住。我就在那里长大、结婚成家。我们夫妇俩开了一间店，专门饲养外来的鱼类出卖。这种养鱼生意当时方才萌芽，大部分的鱼是直接由亚洲、非洲和南美洲输入的，每对卖价在5元以下的很少。

一个艳阳天气的下午，有一个小女孩由她的哥哥陪同进店。他们大概五六岁。

我正忙着洗涤水箱。那两个孩子站着，眼睛睁得又大又圆，望着那些浮沉于澄澈的碧水中美丽得像宝石似的鱼类。“啊呀！”那男孩子叫道，“我们可以买几条吗？”“可以，”我答道，“只要你有钱。”

“哦，我们有很多钱呢!”那个小女孩极有信心地说。

很奇怪，她说话的神情，使我有似曾相识之感。他们注视了那些鱼类好一会儿之后，便要我给他们好几对不同的鱼，一面在水箱之间走来走去，一面将所要的鱼指点出来。我把他们选定的鱼用网捞起来，先放在一只让他们带回去的容器中，再装入一只不漏水的袋子里，以便携带，然后将袋子交给那个男孩。“好好地提着。”我指点他。

他点点头，又转向他的妹妹。“你拿钱给他。”他说。我伸出手，她那紧握的拳头向我伸过来时，我突然间知道这件事一定会有什么下文，而且连那小女孩会说什么话，我也知道了。她张开拳头把三枚小硬币放在我伸出的手掌上。

在这一瞬间，我恍然觉悟许多年前魏格登先生给我的教益。到了这一刻，我才了解当年我给那位老人的是多么难以解决的问题，以及他把这个难题应付得多么得体。

我看着小女孩手里的那几枚硬币，似乎自己又站在那个小糖果店的里面。我体会到这两个小孩的纯洁天真，也体会到自己维护抑或破坏这种天真的力量，正如魏格登先生多年前所体会到的一样。往事充塞了我的心胸，使我的鼻子也有点酸。那个小女孩以期待的心情站在我面前。“钱不够吗？”她轻声地问。

“多了一点，”我竭力抑制着心里的感触这样说，“还有钱找给你呢。”我在现金抽屉中掏了一会儿，才放了两分钱在她张开的手上，再站到门口，

望着那两个小孩小心翼翼地提着他们的宝贝沿人行道走去。

当我转身返回店时，妻正站在一张矮凳上，双臂及肘没入一只水箱中整理水草。“你可以告诉我这是怎么回事吗？”她问，“你知道你给了他们多少鱼吗？”

“大约值30块钱的鱼，”我答，内心仍然感触无限，“可是我没有别的办法。”

于是我把魏格登老先生的故事告诉她。她听后双眼润湿了，从矮凳上下来，在我颊上轻轻一吻。

“我还记得那软胶糖的香味。”我感叹着说。我开始洗净最后一只水箱时，似乎还听见，魏格登老先生在我背后格格的笑声。

心灵感悟

传递美德是美好的，也是无价的。

哭落一地花香

有人说，一个女孩子，20岁不秀则永不再秀。我想，没有哪个女孩子会愿意有这样的遗憾。

大二下学期，我喜欢他的心事被添油加醋一番后像风一样入了人群。原来只是一份默然美丽的爱慕，经过那些捕风捉影的人的一张嘴巴传到一个耳朵，再从一张嘴巴传到另一个耳朵，完全变了味儿。

我又气又急，却又无可奈何，那时候，我连看他一眼都没有了勇气。

压抑终于在一个午后爆发了。那个下午，我走进教室，后排顿时爆发出一阵哄笑。我抬头一看，黑板上醒目地画着一只奇丑无比的大青蛙，旁边站着一个英俊的王子，底下是一行大字：中文系的童话，青蛙公主和她的白马王子。来不急多想，伤痛像一阵暴风雨突然袭了上来。“啪”，我用力把手上的书重重地朝黑板摔去，转过身，在齐刷刷的蔑笑声中飞也似的逃出了教室。

清亮清亮的蔚蓝色天空下，几只鸽子拍着翅膀轻轻掠过，成行的相思树郁郁葱葱，树上开满了细细密密的黄色小花，地上，也铺满了黄绒绒的一层。我就躲在树下，长久以来的委屈一倾而下，我哭得天昏地暗。

正当沮丧和绝望一点点地吞噬着我时，泪水迷离中，我看见他由远及近。他轻轻地，浅浅地笑着，看看一地美丽的黄色小花，又看看满脸泪水的我说："我就想呢，是哪个女孩在这儿哭，把花都哭落了一地。"我背过身去，顿时破涕为笑。后来就在开满小花的相思树下，他告诉我，喜欢一个人并没有错啊，但是，你了解他吗？也许他十天不洗脚，也许他睡觉流口水。不了解他，就轻易地喜欢人家，这不是很傻吗？

我笑了，很灿烂，原来，我有着和一地美丽的黄色小花一样灿烂的笑容，这是他说的。后来，他把我带回了教室。再后来，他常给我一个轻轻地、浅浅的笑。这种真挚，我小心翼翼地呵护着，这就够了。后来，再后来他的身边多了一位文静清秀的女孩子，我给了他们一个很灿烂的笑，就像那时满地美丽黄色小花一样灿烂，我想，这样的笑容送给他们最合适不过了。很高兴，我是真的很高兴，终于有人关心他了。再后来，我也有了自己爱护的人。我想一个女孩子最初的一份爱慕只是一颗善良的种子，可以关于爱情，也可以不关于爱情。幸运的是，我的种子遇上的是他的宽容与关爱，这种适宜的温度与水分，开出的是一朵叫做美丽的花朵，即使这个花朵不关于爱情。

很久很久以后，当我想起那个清亮的午后，想起他轻轻地、浅浅地笑着说："我就想呢，是哪个女孩在这儿哭，把花都哭落了一地。"我的全身还是会涌过一阵暖流。这样的男孩子，我以为，即使到了80岁的时候，我依然会记得他！

心灵感悟

一个女孩子最初的一份爱慕只是一颗善良的种子，可以关于爱情，也可以不关于爱情。

一只翅膀也可以飞翔

1989年，在波兰著名古城格旦斯克的一个富裕家庭诞生了一个小女孩，她出生的时候右臂手肘以下部分就先天性缺失，父母曾一度想把她丢弃，但法律与道德的威严让他们没有这样做。女孩的父亲是一名乒乓球爱好者，在父亲的影响和熏陶下，7岁那年女孩喜欢上了乒乓球，很自然地，父亲成了她的教练和陪练。

打乒乓球需要一手握拍，一手端球，而上帝的失误让女孩缺失了一只手掌，但坚强的女孩并没有因此而停止渴望飞翔的梦想。打球的时候她左手握拍，发球时用残缺的右臂关节夹住小小的乒乓球，勉强抛起，然后再用左手所持的球拍将球击出。刚开始练习时，右臂关节怎么也夹不住球，她不得不腾出左手辅助一下，训练最苦的时候每天要连续练5个小时。

在父亲的耐心教导下，半年后小女孩以自己坚韧的毅力克服了自身的不便，终于能在不用左手辅助的情况下，用残缺的右臂关节很轻松地夹住球，并高高抛起，看着旋转的白色精灵，女孩兴奋极了。乒乓球让她感到了快乐，也更加坚定了她打球的信心。在日复一日的练习中，小女孩的球技进步神速，很快就成为附近无人能敌的乒乓球手。

2000年，年仅10岁的小女孩有幸被波兰国家队主教练看中，此后便开始系统训练。教练像是没有看到孩子手臂的残缺，训练中经常故意让她捡球、发球，哪怕女孩的眼泪一次次洒落球台，教练也毫不心疼，10岁的她只能坚持，她在心里告诉自己：减少失误，才能减少泪水。

经过4年泪水和汗水的浇灌，颇具天赋的小女孩在波兰乒坛崭露头角，尽管她只有一只手，但在对阵队里的健全球手时仍然能够以咄咄逼人的气势夺得头筹，并在2003年夺得波兰全国乒乓球锦标赛女单亚军和混双冠军，次年，14岁的她作为主力队员代表波兰出征9月的雅典残奥会，并以绝对优势摘得雅典残奥会女单金牌。这个小女孩就是在世界乒坛有独臂女侠之称的娜塔莉娅·帕尔蒂卡。

2008年2月24日第49届世乒赛在中国广州拉开战幕，娜塔莉娅·帕尔蒂卡的对手李佳薇（新加坡名将）不仅是健全人，而且还是乒坛顶尖高手（世界排名前8），但娜塔莉娅毫不畏惧，最终以3 ∶ 2战胜对手，这一结果出人意料，因为娜塔莉娅此前的世界排名是第182位——如此悬殊的位次却战胜了对手，这让所有观看比赛的人对娜塔莉娅充满了无限敬意。

在接受记者访问时，这位目前在波兰读高三的女孩微笑着说："当所有人为这一结果感到意外时，我并没有，因为我始终相信，当你踏上梦想的路途，就没有什么可以拦住你的努力，只要你愿意，哪怕只有一只翅膀也可以飞翔。"

心灵感悟

如果上帝收藏了我们的一只手臂，他会悄悄地安放一对隐形的翅膀。

上帝的食物

树林里有一只狐狸和一只小鹿，因为发洪水把食物都冲走了，它们一连几天都只能空着肚子。这天，它们打起精神，在树林里四处寻找，希望能找到一点儿吃的，但是找了很久还是什么都没找着，而肚子却叫得越来越响了。于是，它们就向上帝祷告："仁慈的上帝啊，给我们一点儿吃的吧，不然我们就要饿死了。"这时，天空中传来上帝的声音："我给你们两个盒子，其中一个装满了食物，另一个则是空的。你们只能用眼睛观察，选择一个。"上帝刚说完，狐狸和小鹿的面前就出现了两个盒子。但是两个盒子一模一样，光靠眼睛实在看不出食物装在哪个盒子里。过了一会儿，狐狸说话了："上帝说这两个盒子中有一个装满了吃的，我看上帝是骗我们的，这两个盒子肯定都是空的。"狐狸话音刚落，一个盒子开口说话了："我才不空呢。"狐狸听了这话，马上伸出手来，抱走了另外一个盒子。打开一看，里面果然装满了食物。小鹿非常惊讶，问道："你怎么看出这个盒子里有食物的？"狐狸得意地说："空盒子最怕别人说它空，装满了食物的盒子是不怕别人说的。"

心灵感悟

在生活中，我们常常发现：越是没本事的人，越是到处张扬，唯恐别人看出他的无知；而真正有才华的人，总是谦虚而低调的。因此，我们应该成为一个真正有才华的人，而不是一个华而不实、虚伪的人。

没有工作的天堂

星期六晚上，我们一家正在吃晚饭。哥哥说，他的同事小张交上了好运，前天中了500万元的大奖。全家人都惊羡不已。哥哥接着说，什么时候，他也中500万就好了，有了这500万，全家人一辈子都可以不用工作了。父亲看了哥哥一眼说：“你知道一辈子不工作是什么滋味吗?”“那还用问吗?肯定是最快乐、最惬意的了。”父亲没再说什么，而是给我们讲了一个故事：

从前有一个人，由于家境贫困，他从小就离家外出谋生。他走过了许多地方，做过许多工作。最开始，他工作是为了填饱肚子；长大后，需要有个家，于是，他继续努力工作，先后买了房子，娶了妻子；紧接着，又有了孩子。等孩子长大后，他也老了。本以为不用工作了，可以享几天清福了，可是没过多久，他就死了。死后，他的灵魂飘飘荡荡，不知来到了什么地方。这时，他看到了一座金碧辉煌的宫殿，里面的人全都无所事事，悠闲自在。他很好奇，就贸然闯了进去。

这里的主人很热情，不但盛情款待了他，还邀请他留下来。他喜不自禁，连连点头答应。后来，宫殿的主人问他还有什么心愿。这个人抱怨道：“我活着的时候，辛苦了一辈子。我讨厌每天忙碌地工作，现在我什么也不想做，只想睡了吃，吃了睡，就像这里其他的人一样过着安逸的生活。”

宫殿的主人回答道：“这好办，我马上就可以满足你的要求。我可以让你从此过上安逸的生活，可以让你住上豪华的房子，吃上丰盛的食物，一切都可以由你自己做主。而且，这里没有任何工作需要你去做。”

这个人非常高兴，从此，他就在这里住下了。

刚开始的几天里，这个人吃饱了就睡，睡醒了就吃，过得非常愉快。他感到这里简直就是天堂，不用受任何管束，不用做任何工作，还可以随心所欲地享受。但是慢慢地，他觉得每天这样浑浑噩噩地度过实在很无聊，便去求见宫殿的主人。他抱怨道：“这种成天吃吃睡睡的日子实在太没意思了。你看我现在这种大腹便便的样子，连走路都困难了，你能给我找一些工作吗?”

宫殿的主人微笑着说：“对不起，我无法满足你的要求，因为我这里根本就没有工作。”

这样又过了一段时间，这个人实在无法忍受这种无所事事的生活了，于是，他又去求见宫殿的主人：“这种日子实在让人受不了，如果再这样下去，我宁愿下地狱也不愿待在这里。”

宫殿的主人依然笑吟吟地答道：“你认为这里是天堂吗?这里本来就是地狱啊!”

讲完了故事，父亲问哥哥：“你现在还希望自己中500万吗?”

“当然希望，不过，我会把它捐给希望工程，我自己嘛，该干什么还干什么。”哥哥的回答引起了一片笑声，我却陷入了沉思。

心灵感悟

劳动是生活的一部分，逃避劳动也就是逃避生活。没有工作的地方，天堂也是地狱。因此，我们不必羡慕那些不劳而获的人，他们的生活看似悠闲，其实无聊至极。只有投入地工作，辛勤地劳动，才会得到真正的快乐。

一个追求完美的人

亨利·谢拉德在底特律中学教希腊语。他有财产，本来不必教书，只因为喜欢这一行，才坚持要教书的。从里到外，他都是一个古怪的人。他身高六尺四，不修边幅，红褐色的头发粗密、蓬乱，脸骨和牙齿的不协调的布局构成了他的面容，上面闪着一对目光锐利的眼睛。皱乱的衣服上沾满了一层薄薄粉笔末。他骨瘦如柴，像一个会走路的稻草人，一个穿着宽松裤子的神话似的人物。

我投到他门下学习时，刚16岁，易受影响，渴望知道更多的东西。像一个铁匠锤打铁砧一样，他严格教育了我整整两年。谢拉德是一个追求完美的人。他总是跟教育部门和其他教师过不去，因为他不肯妥协。在教育上，他有自己的理想和追求这些理想的方式。不管遇到多大困难，他也想走自己的路。

他最喜欢使用的教学方式是使人丢脸、威吓、给人一个意想不到的难堪。然而，他先给受罚的学生充分的机会，去达到谢拉德的要求——百分之百的正确。倘若再犯错误，他就不客气了。

开讲的第一天，谢拉德严肃地注视了我们很长时间。然后，他用极其温和的语调说：“这么说，你们想学希腊语了？当然，这是一个值得赞赏的愿望。但是我希望你们知道你们面临的是什么。我有言在先：我可是一个不满足于一般好的人。

“我不是在开玩笑。我不喜欢好的学生，只喜欢最优秀的学生；我不喜欢较好的译文，只喜欢最正确的译文。

“你或是知道某事，或是不知道；或是能做一件事，或是不能做。我将尽心尽力教你们希腊语。我也要求你们尽心尽力来学它。”

“现在说说学习步骤。你们每天的学习成绩必须达到最优的，发音必须达到最准确的，翻译必须达到最佳的。”

“为了使你们在学习上达到炉火纯青的程度，我要求你们把每一个纠正过来的词在黑板上写10遍。如果作了如此纠正后，你们又犯这个错误，就必须把纠正过的词写上100遍。现在我们开始学。”

就这样，我开始了一生中有决定意义的两年学习生活。谢拉德的那一套办法激起了我的兴趣。倘若一个人能够达到完美的程度，甚至在一件小事上，他难道不可能在另一件事上，然后又在其他事上达到尽善尽美吗？待到他在许多事上都做到了尽善尽美，那将是十分了不起的。

其他学生战战兢兢地去上课，而我就像去看角斗士搏斗，去看基督教徒被扔向狮子那样去上课。当狮子吼叫着冲向我时，我咧嘴笑笑，然后狮子眨眨眼走了。我知道我的回答是完全正确的。

有时，为了纠正一个重音上的错误，我写满一黑板句子后，自己全部擦掉，再重写一遍，这使得狮子目瞪口呆。想想吧，别人被迫写10遍的东西，我却要写20遍；在回家路上，我常常在许多包装纸上抄满希腊语句子，就是为了斗垮他的把戏，但愿他知道这些！

他用蓝铅笔改正我们每天交上去的卷子，在严重错误的地方写上十分不客气的评语。他从不忽略一行。我想象不出他是怎样做到这些的。然而，年复一年，他毫不犹豫地一直这样做。

第二年，我们开始攻读《荷马史诗》，每天要准确无误地背下五行。每天起床后，从第一本书的第一行背到这一天的定额。若发音上稍有错误，我们就得全部从头开始。当必须重读200行时，你会变得很厌烦。

我学习散文或诗歌很吃力，尤其厌烦背整部作品，心里有某种抵触情绪。但是，谢拉德逼着我一行一行地读完《伊利亚特》的头两卷，使我在那年年底，从头到尾吟诵出来，并像对英语那样，完全掌握了它。

我对付并且打赢了这场追求完美的游戏。但是谢拉德拍我肩膀了吗？他说过“干得好，小伙子”了吗？没有。他要你继续追求。

在闷热、潮湿的六月天里，我们正读着《伊利亚特》的最后几行时，谢拉德合上书，向窗外望望，然后慢慢地向门口走去。他离去了。从此，

我再也没有见到过他。但是现在，半个世纪以后，我还是根据他的标准来衡量人——无论是教师，还是学生或是其他什么人，“任何值得做的事，都值得做好；任何值得做好的事，都值得做得尽善尽美”。

学习了希腊语后，我决定学习写作。在学习希伯来语、阿拉伯语和社会学时，我都努力用这种方法学，按谢拉德的要求。

每一个人的一生中至少应该有一次受到一个疯狂追求完美的人的影响。只有这样，普通人才能认识到自己惊人的潜力。观察一个完全献身给一个最崇高理想的人，胜过受一番教育。一个人因为只热爱最完美的东西，所以才是“一般好”的仇敌。懂得这一点，你就可能憎恨一知半解、一技半能、三心二意，就可能在你心中点燃起追求完美的热情火焰。

谢拉德教的大部分希腊语，我已忘掉了，然而令我终生难忘的是那种追求完美的热情。

心灵感悟

任何值得做的事，都值得做好；任何值得做好的事，都值得做得尽善尽美。

心灵的平静

当生活平稳地向前流淌，而我们又拥有一份不错的工作、良好的人际关系、健康的身体以及上等的经济条件时，我们就会享受到内心的平静，并由此感到快乐和满足。因此，只有当我们不再为什么而担心，也不再感到生活的紧张和匆忙的时候，我们才会真正拥有平静。

但日常生活并非事事如人意，总有一些事情会给我们带来忧虑、紧张和不安，让我们无法再平静下去。尽管如此，我们仍可抛开外部环境的干扰而享受到平静的愉悦。因为，心灵的平静是一种内在的状态，并不取决于外部环境。为什么一定要等到一切环境都适合了呢？为什么要依赖外部环境带给我们心灵的平静呢？

世界上有富人也有穷人，有健康人也有病人，有自由人也有生活在牢笼里的人，然而每个人都可以享受到内心的平静与安宁。不管是奴隶还是自由人，他们都有可能享受到心灵的平静。

心灵的平静好像存在于尘世，又似乎超乎于尘世。人们要想马上感觉到它，就必须独立于外部环境。即使在最艰难的情况下，人们也可以感受到内心的平静与和谐。当然，要达到这样的境界，首先就需要通过一定的训练。

思索会让内心宁静

我们产生了什么想法，便会去思考它们。我们可以选择忽视它们，体验真正的内心自由；我们也可以多加重视，使其发展、成熟。

当你必须思考时，就要选择那些积极的、快乐的、向上的思维方式，你要把思考和想象的重心放在那些你真正想要的，且相信有可能实现的想法上。你永远都要记住：思想决定你的生活。

当心灵静默时，内心和外部感觉都是愉快的。

当不需要思考时，心灵能保持静默，这本身就是一笔巨大的资本和一种难得的优势。

达到心灵的平静，也就是让自己从不断思考的压力中解脱出来，只要采取适当的训练，这是每个人都可以做到的。不过，仅仅阅读这篇文章并不会带给你心灵的平静。只要你完全理解了内心平静的价值，又真正想成功，那就没有什么可以阻止你。虽然这是内心的力量，但获取它的方式和实现其他切实的目标的方式没有什么区别。那就是必须努力和坚持。

很多人都受自己思想的奴役，却很少想到自己也可以摆脱它的控制，从而获得自由。从我们早上醒来的那一刻，一直到晚上入睡，头脑里的思想就从没有停止过。思考的习惯已经在人类的进程中根深蒂固。而事实上，习惯是可以改变的。

要想改变或终止一个习惯，我们必须有意识地采取相反的行为。无论研究出了什么新技术，我们都必须努力地掌握它，直到把它转化为我们的第二种天性，变得得心应手。对心灵的控制同样如此。

真正对心灵的控制，不是只把注意力集中在一种思维上而忽视其他的思维，而是一种能使心灵彻底净化从而达到静默的能力。一位伟大的印度哲人说过："心灵只是各种思想的集合，抛开你的思想，就能回到最初的心灵。"所以说，当一个人脱离了思想的束缚时，他也就摆脱了心灵的禁锢，因为这两者基本上是相通的，一个人必须要认识并且理解这种关于心灵的错觉。

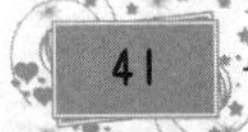

当乌云遮住太阳时，太阳仍在那里，只不过是躲在了云彩的后面。我们的本质、我们内心真实的自我，也一直是存在的。我们只需要去掉遮蔽它的包装和外套，就能够体验到内心的平静与安宁。这些包装和外套就是我们所持有的思想、观点、习惯和信仰。我不是说要让你们停止思考，人需要通过不断的思考来延续生命。我的意思是你必须能够自我控制，思想必须为你服务，成为你的仆人，而不是主人。

达到心灵平静的忠告

你不必对某些词语，例如自我、内在本质、普遍意识等感到不舒服。也许在你看来，这些“高深”的词都是些没有意义的空词，但实际上并非如此。

它们代表着一些非常真实的东西，而不是模糊的概念。集中精力或是苦思冥想都可以使这些词变得有意义。因为精神的探索之路并不像有些人想象中那样模糊、虚幻和不切实际。通过亲身经历，你就会真正明白我所说的意思。

每个人都可以学习一种新的语言，但不是每个人都可以达到同样的专业水平。每个人都可以进行形体训练、画画或写作，但每个人达到的层次都有所不同。这是因为，你所能达到的水平或层次取决于你的内在素质、认真程度和为这项活动所投入的时间。然而，在这些活动中，每个人多多少少都会有所收益。

因此，关于如何让自己从思考中解脱的训练也是如此。

试着平息激动的心绪；试着后退一步并静观其变。这样就有可能使心灵趋于平静，从而放松下来，以提高集中思想的能力或是进行沉思。所有这些方法都可以使心灵达到安宁与平静。

如果你遵循这些建议，并运用上面提到的技巧，你就会开始一段令人惊异的行程。只要你多进行实践、阅读相关的文章和书籍，并坚持加以训练就可以了。

有一天你可能会遇到某个人，他也许会亲自教你，就像谚语所说的：“当学生准备好时，老师就出现了。”

随时注意观察你的思想，就好像它们是不属于你的外物，而不要把自己卷进去。要有意识地观察你的思想，只有这样，这种观察意识才能提高。

你必须时时刻刻提醒自己去观察自己的思想，因为你的大脑随时都有

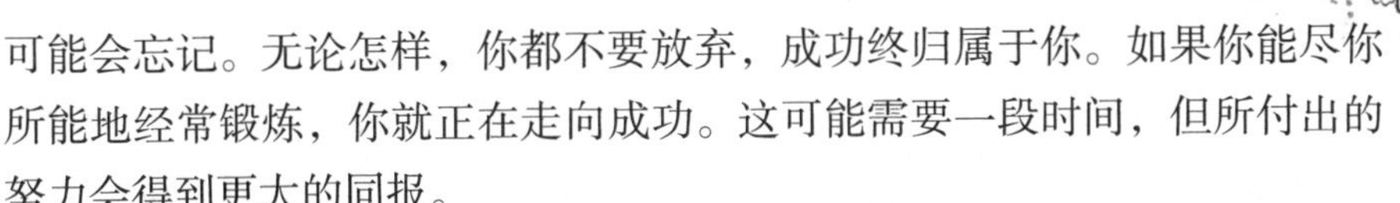

可能会忘记。无论怎样，你都不要放弃，成功终归属于你。如果你能尽你所能地经常锻炼，你就正在走向成功。这可能需要一段时间，但所付出的努力会得到更大的同报。

通过提高注意力和沉思默想，通过身体锻炼和正确呼吸，你也能提高心灵的平静。

切记，最重要的事情就是：锻炼，锻炼，再锻炼。

你不是你的心灵！

你不是你的思想！

你不是你的观点！

你不是你的信仰！

它们可能属于你，却不能代表你。

它们只是你所运用的工具，而你不必受其控制。

只有抛开这些，你才是真正的自己。

当思想停止时，你仍然存在，并没有与尘世隔离开来。只有当你达到无思的空虚之境时，你才真正感觉到你的存在、你的本质。在这种空虚之境里，往往充满着一些伟大、美好、有力而甜美的东西。这时，你将开始在平静中生活，开始在平静的心灵之海上航行。这即是纯粹的存在。

如果你实现了这种状态，你也就真正摆脱了思想的束缚。

同时，你也就真正自由了。

在这种状态下，就没有什么可以影响你了。你不会再将某个冲动的想法立即付诸行动了，你将成为一个完全有意识的存在，活泼、有力，超越一切。

你存在于这个世界上，你的生命在继续，但你超越了它。

真正心灵的平静是通向光明的大门。

你要把心灵的平静当做一种切实可行的可能，并通过自我暗示使心灵平静，以苦思冥想与集中精力的方式，开始享受你心灵的平静吧。

心灵感悟

我们是生活在整个社会群体当中的一个人，每天要接触不同的事物和人。有些事和人会让你不喜欢，必然会带来一些烦恼。如果你能以平和的心态对待这些烦恼，那你就会很平静地看待你所不喜欢的事，并且

还可以理解和接受它。

这就是一个人达到了心灵的宁静。你会把这一切看得很正常，其实你就会知道，这就是生活的本质。同时，你也可以从中得到快乐的回报。这时的你就可以享受平静带来的美好，你可以在心灵宁静之间自由遨游。这时的你才是一个超越自我的，并深刻感受到生活是一个充满了阳光、美好、自由的世界。

烘焙心情

隔壁住了一对爱尔兰籍的夫妻，一住13年。两年前移居澳洲，临走之际，我“敝帚自珍”地在家里做了几道菜，为他们饯行。

等酒酣耳热之际，夫妻俩忽然以半开玩笑的口吻说道：

“这番远去，最怀念你家两样东西，我们担心，少了它们，可能短期内睡不着觉。”

受宠若惊，忙问是啥。

双眸笑意闪烁的珍妮慢条斯理地说道：“约翰很习惯在你电脑打印机发出的那种富于节奏的声音里入睡；我呢，常常在蛋糕飘出的香味里进入梦乡。”顿了顿，又说：“不过，有时，也挺懊恼的，半夜被那诱人的香味侵袭，醒来之后，只闻其香，不见其形，怔怔忡忡，数多少只绵羊都不管用，有时真恨不得遣绵羊去你家把蛋糕衔过来哪！”

听懂了话中有话，哈哈大笑之余，从善如流。次日，立刻将家中24针的老式打印机换成操作无声的激光机；但是，夜半烘焙蛋糕的老习惯却改不掉，老实说，也不想改。

说是烘蛋糕，其实，烘焙的是心情。

有时，心情发霉，百事无心。坐立难安之际，索性撇下多如蝼蚁的琐事，一头钻进厨房，专心致志地烘蛋糕。烘出一个好蛋糕，绝对不是一加一等于二那般的直截了当。把各种配料准确无误地称好备妥，像攀爬高峰那般的小心，像校对文稿那样的细致，像教导孩子那般的耐心，翻搅、调弄、拌和，最后，满怀爱心地送进烘炉。个性全无的面糊，白着一张令人生厌的面孔，静静地等待热气的蹂躏。随着面糊的膨胀，那种让人口舌生津的香气，像泛滥的洪水，在夜半无人私语时，放肆地流满了天和地。这时，背上的重压、心里的焦躁，全都像被扎了一针的气球，慢慢地消了。

烘好后，橘子蛋糕澄亮如金，香兰蛋糕翠绿似玉，香蕉蛋糕状如满月，乳酪蛋糕貌似丝绸。凌晨时分坐在桌边的我，好似一个苦尽甘来、事业有成的富翁，大口大口地吃着时，觉得这样实实在在的人生真是快乐，刚才究竟为了什么事烦恼，竟不复记忆了。

许多时候，心情发亮，我便抱着“独乐乐不如众乐乐”的心态，烘焙各式蛋糕，分送亲戚、朋友、邻居、同事。她们脸上的笑意，是我心情永远的油彩。

吃过蛋糕后，有人戏谑地劝我改行。哇，想到日后我家门口或将有人排起长龙抢购每天新鲜出炉而“限量供应”的蛋糕，顿觉前景灿烂，兀自微笑。

心灵感悟

小时候喜欢用水掺和点洗衣粉，对着天空吹出大大小小的肥皂泡泡。因为爸爸妈妈告诉我们，那些五颜六色的泡泡可以把心里的愿望传达给天使。于是，我们常常把各种奇怪的愿望嘱托在泡泡上，看着它们飞到天上，然后破碎掉。长大了，学会了喝茶，于是研究茶道；喜欢鲜花，于是闲暇时也栽种几株花花草草；爱吃蛋糕，于是也挽起衣袖亲手制作。我们喜欢这些美好的事物，却更享受在这过程中将自己的心情一点点放进去的松弛状态，更欣喜同朋友分享美好事物的默契。

穿雨衣的人

四月的一个早晨，米雪太太像往常一样站在她家半拉的窗帘一侧，注视着街上发生的一切。她每天大部分时间都是这样度过的，因为她是一个寡妇，又没有孩子，而且还住在这样一个小县城里，除了琢磨邻里之间的琐事外，她还能干什么呢？

米雪太太家的对面有一幢单门独院的住宅，主人叫卡罗尼。卡罗尼是这个小城里的知名人物，他狂妄、野蛮。每个周末，他都开着豪华轿车到首都跟他的情妇幽会。

卡罗尼的夫人哈丽娅，显然是一个受害者，在她丈夫看来，她这样的模样，谁还能看得上呢？再说，他们也没有孩子。城里人都知道哈丽娅是一个安分守己的人。

但是，一个星期天的早晨，米雪太太却目睹了一件特别的事：就在卡罗尼先生去巴黎刚走不久，一辆出租车停到了他家门前，一个穿雨衣的矮小男人从车里走了下来。哈丽娅一人在家，他来干什么？手里为什么拎着一只提箱？

米雪太太还没有完全从惊讶中清醒过来，却又见这个矮小男人居然还有卡罗尼家的门钥匙！米雪太太拿起电话正准备报警，突然又住了手，她恍然大悟："哈丽娅也有情人！"

半年之后，一个星期天的早晨，这位神秘的穿雨衣的矮小男人已经第三次出现在卡罗尼的家门前。他每次都利用卡罗尼去巴黎的时机乘坐出租车来，自己拿钥匙开门，而且整个周日都待在那儿，从不出去。只是哈丽娅有时外出两三次去采购东西。

米雪太太的嘴巴是从不饶人的，全区的人很快都知道了这个秘密，有的人愤怒地斥责哈丽娅，有的人却又为她感到喜悦：她以这种方式对待不忠诚的丈夫也是理所当然的。

可是10月25日这一天却异乎寻常，米雪太太简直不敢相信自己的眼睛——

6点左右，正是黄昏时分。刚才，也就是10分钟以前，哈丽娅从家里出去采购东西，可就在这时，那个穿雨衣的矮小男人来了，可是这一次，卡罗尼先生在家！

于是米雪太太紧紧盯着这个矮小男人的一举一动：他步态跟往常一样自信，他会掏出钥匙开门吗？不，这一次他却按了门铃……时间一秒一秒地过去，一会儿，卡罗尼先生来开门了，瞬息之间，只见穿雨衣的那个矮小男人从口袋里掏出什么东西，紧接着响起两下枪声。米雪太太惊魂未定的时候，这个矮小的男人已逃得无影无踪……

米雪太太浑身哆嗦、战战兢兢地拿起电话报警。几分钟后，地区警察局局长赶到了现场，他凝视着卡罗尼的尸体自言自语："两颗子弹都打中了心脏，真是干脆利索。"

米雪太太用失真的声音回答警察的问话。"您说是哈丽娅的情人开的枪？""是的，我敢肯定，在卡罗尼先生不在家的时候，他来过三次，我是从窗户里偶然看到的。”

警察一边记录一边说道：“您能给我描述一下这个人吗？”

“身材矮小，棕色头发，每次来都穿一件雨衣；年龄有四五十岁，不过这很难说准，因为我只是从远处看到的。”

正在这个时候，哈丽娅从超市采购东西回来了，她双腿跪在丈夫的尸体旁，悲痛欲绝地自言自语：“米歇尔……真的是你吗？”

警察局长问：“米歇尔是谁？”“我的情人，我也不知道他的真名实姓……”

哈丽娅吞吞吐吐地诉说着她和米歇尔交往的经过：

去年12月，卡罗尼对哈丽娅说，他想单独一个人和客户到冬季运动场去度圣诞。事实上，哈丽娅知道，他是想跟情妇在一起。这一次，哈丽娅没有像往日那样吵闹，等卡罗尼走后，她独自来到突尼斯的一个俱乐部，准备度过一个星期的时光。就在那儿，哈丽娅结识了米歇尔。米歇尔从不让哈丽娅知道他的真名实姓，他只是说已经结婚了……

哈丽娅苦涩地笑了笑，继续说：“我丈夫不在的时候，米歇尔来过三次。米雪太太就住在我家对面，她又有这方面的爱好，我想，她肯定把在窗帘后看到的全告诉您了。他最后一次来是在一个月以前，他对我说，以后他将要离开了。他没有告诉我去哪儿，就在那一天，米歇尔对我说：‘我可怜的哈丽娅，我必须帮助你，我要送给你一件告别礼物……’他就这样走了，以后我再也没有见到他……”

警察局长惊讶地问道：“您的意思是说，谋杀您的丈夫，这是米歇尔送给您的……告别礼物？”

警察局长于是离开客厅到了小花园，他无意间抬起头来，只见晚霞满天。突然，他心头一怔，走上前去问米雪太太：“您看到的哈丽娅的那个情人穿的的确是雨衣？”

“是的，他每次来都穿雨衣。”

“米雪太太，您看见过哈丽娅和她的情人待在一起吗？”

“我确实没有见到他们两个人在一起，我每次都是分别看到他们……可这又有什么区别呢？”

警察局长飞一样地扑进房间。哈丽娅还拎着购物袋。警察局长抢过袋子，将里面的东西全倒在桌上：一件雨衣、一个男人的假发和一支手枪。哈丽娅本想躲进房间销毁证据，想不到警察局长的动作比她还快。她彻底认输了，她只是愤愤不平地诉说了原委：“你们可知道，卡罗尼这个伪君子

他让我承受了多大的痛苦！我一直希望能有一个情人来为我报复，但一直没有，于是我只好自己来扮演这个角色……太遗憾了，如果真有一个米歇尔就好了……"

说到这里，哈丽娅那苍白的脸颊上淌着眼泪，眼睛里充满了绝望……

心灵感悟

由于丈夫对自己的冷漠，对婚姻的不忠，哈丽娅选择了用极端的方法解决爱情的遗憾。她虽杀害了自己的丈夫，但她同时也是受害者，并使自己的一生为这份扭曲的婚姻付出了沉重的代价。曾有人说，爱恨是玻璃板上的两滴水，分不出彼此。哈丽娅正是因为执著于与丈夫之间的婚姻，才将自己心中长期累积的爱化作了怨恨。然而，任何的情感当其浓度达到白刀子进红刀子出的程度，那这份情感就变了质，就需要当事者冷静地分析，理智地面对。生活中，甜蜜的是情，痛苦的也是情，但若所有的情与爱到头来都只变成了恨，那便成了生命中最大的遗憾。

第二篇

把灵魂的耳朵叫醒

一个修女的女儿

1988年1月，3岁半的巴布拉到达纽约阿尔巴尼区的法拉诺之家时，抱着一只玩具熊正在车里睡觉。这里正在下雪，街上的积雪已经很厚。身着毛茸茸粉红色衣服的小姑娘，在皑皑白雪的衬托下显得格外艳丽可爱。法拉诺之家的一位工作人员把她抱进屋里，从此，这里便成了她临时的家。

巴布拉没有别的地方可去。妈妈安吉丽娜因艾滋病晚期住进医院，爸爸正在监狱服刑。她自己则被艾滋病毒感染。人们都对艾滋病患者敬而远之，就连巴布拉这样的孩子都无人同情。

在这样的情况下，阿尔巴尼天主教管区开办了法拉诺之家。在这里工作的全部是修女。巴布拉是第一批被庇护的孩子之一。

那天，可忙坏了修女玛丽，她一直工作到很晚。大约晚上10点，她接到担任主管的朋友莫林·乔伊斯修女的电话：“你回家之前必须来看看巴布拉，这小姑娘太可爱了。”

看到正在熟睡的巴布拉，玛丽心里有一种说不出的感受。小姑娘躺在床上睡得很安详，金棕色的头发，圆圆的脸蛋，红红的面颊，怎么也想不到她会是一个艾滋病病毒携带者。她看上去简直就像一个完美无缺的小天使。

玛丽第一次加入女修道会时年仅17岁。当时，爸爸极力反对她做修女，他期望女儿遵循自然规律，结婚成家，生儿育女。然而，玛丽感到主在召唤她，她义无反顾地成了一名见习修女。获得学位之后，她开始在一所小学教学。但家庭和孩子对她的吸引力太大了。加入女修道会10年之后，她决定对自己的人生做出选择。

27岁这年，玛丽毅然离开女修道会。她想遇到一个合适的男子，结婚成家并生儿育女。这时，她遇到了迈克，一位同行老师。相恋近两年之后，迈克提出他们该考虑他们的婚事了。经过一番良心上的自我反省，玛丽决定重返她的宗教团体——女修道会。1979年年末，玛丽又回到女修道会。她立誓要为慈善事业奉献一切，在玛丽的感召下，迈克也加入到慈善服务这一高尚的行列。在欢迎仪式上，她接受一枚银戒，这意味着她将献身于宗教事业。她从圣保罗大主教的信中为银戒找了一句铭文:“让爱成为你生活的根基。”

然而,1988年1月,玛丽过完40岁生日一个月之后,她又犹豫起来。她在修道会工作得很好,可她心里总有一种说不清的情愫。

巴布拉到达的那天,玛丽刚巧也来到法拉诺之家吃晚饭,她常常到这儿来吃饭。巴布拉提出要借玛丽的手镯。小姑娘把手镯放在头上,看上去就像王冠。然后,她宣布:“我是王后,你是公主。我们住在城堡里,一条紫龙保护我们。”

第二天晚上,巴布拉让玛丽给她讲故事。讲着讲着,巴布拉突然说:“我太想我的妈妈了。”玛丽的喉咙像是被什么东西哽住了。“我知道你妈妈也想你。”她说。当她们快要分别时,巴布拉问玛丽:“你能抓着我的手直到我睡着吗?”玛丽给巴布拉唱起摇篮曲,不一会儿,她就安详地睡着了。玛丽轻轻地松开巴布拉潮湿的小手。但小姑娘突然哭起来。“我害怕,”她说,“不要离开我。”那天夜里,玛丽没有回家,就这样握着小姑娘的手一直待了一夜。玛丽内心感到很平静,好像她找到了她应有的位置。

1988年3月19日,巴布拉的妈妈撒手人寰,永远离开了这个世界。法拉诺之家的工作人员让玛丽把这一消息告诉巴布拉。

“你是说我妈妈死了,上天了?”巴布拉问道,“这是不是就是说我再也见不到我的妈妈了?”“是的,”玛丽说,“但她再也不受罪了,她的在天之灵会一直看着你。”

春天对巴布拉来说是黑暗而悲惨的。后来,她想出一个主意。她要给妈妈举办一个晚会让她看。她的客人都是喜欢她的玛丽的朋友。

于是,巴布拉在她的房间里挂了许多气球,并准备了一个大大的蛋糕。她还用卡纸板做了一块墓碑,上面写着妈妈的名字。巴布拉向来宾娓娓讲述起她想象的妈妈所在的天国中的故事。来宾们听了孩子的故事都很感动,纷纷议论该给孩子找一个能扶养她的家庭。

后来,法拉诺之家为巴布拉找到一位妇女。可是该妇女抽烟抽得厉害,巴布拉很不习惯。而那位妇女也不欣赏小姑娘的幽默:巴布拉经常像她的迪斯尼人物戈飞玩具那样讲故事、唱歌。法拉诺之家发现她们两个在一起不合适。

“要是我不信教的话,”玛丽向莫林修女吐露,“我就把巴布拉扶养起来。”莫林告诉她,她可以把自己的这一想法向女修道会的主教说一说,

这对她不会有什么损失。玛丽对莫林的直率感到惊奇。玛丽早就想做妈妈，巴布拉也需要一个妈妈。

然而，玛丽知道，修女什么都可以做，就是不能做妈妈。教规是不允许这样做的。玛丽这样做也违背她自己入会时立下的誓言。

但使玛丽惊奇的是，几天之后，女修道会主教给她回复："修女可以做养母。"于是，1988年7月初，巴布拉来到玛丽家与她生活在一起。对于玛丽此举，朋友高兴，亲戚谨慎，外人好奇。玛丽对他们回答却是一样的：她爱我，我爱她。巴布拉无亲无家，我们相依为命。

作为一个有工作的母亲，白天玛丽需要有人关照巴布拉。玛丽领着巴布拉找到一家托儿中心，但中心主任说接收她不合适。此外，他说："这里的孩子都在准备入学，患有那种病，她甚至连学都上不了。"玛丽克制着自己的怒气，抓起巴布拉的手走出托儿中心。

玛丽领着巴布拉一连走了3家日托中心，没有一家愿意接收可怜的巴布拉。最后，玛丽找到圣玛利托儿中心，她把巴布拉的情况仅告诉了中心主任和巴布拉的老师。小姑娘在那里非常高兴。圣诞节那天，中心排演圣母马利亚诞生剧，巴布拉在剧中扮演天使。她十分喜欢这个角色。她说她妈妈在天国的名字安吉丽娜听起来就像天使。巴布拉画了许多天使像。她说她梦见她能自由自在地飞翔。

1989年年初，玛丽收到第一张母亲节贺卡。贺卡上是巴布拉画的画，并大大地写着："妈妈，我爱你，巴布拉。"

第二年秋天，巴布拉开始上幼儿园。玛丽每天去接她，巴布拉一见到她，就喊着朝她跑来："妈妈！妈妈来了！"每当听到这种喊声，玛丽心里别提多高兴了。

1990年9月，玛丽正式提出收养巴布拉。女修道会担心，收养意味着使一个修女永远成为妈妈。"我太爱这个孩子了，我们已不能分开。"玛丽说。同年10月23日，收养仪式举行。"我没有想到我会有这么高兴的时刻！"玛丽说。人们为巴布拉带来许多好吃的食物、鲜花和礼品。

然而，巴布拉的病情在慢慢发展。1991年年末，当巴布拉7岁时，血液化验显示，她的T细胞数量明显下降。药物对她已不起作用，她已从艾滋病毒携带者发展到艾滋病患者。1992年巴布拉8岁生日那天，她问妈妈她们可否去迪斯尼乐园玩玩。就在这时，她们的朋友托尼进来，他提出开车送她们去迪斯尼乐园，算是他送给巴布拉的生日礼物。

迪斯尼乐园阳光明媚，到处欢声笑语。托尼和玛丽轮流推着巴布拉乘坐的婴儿车。他们尽可能让巴布拉看够玩够，他们还不时让她与米老鼠照相留影。

不到一年，巴布拉就不能站立了。她的体重减少到不足12公斤，整天大部分时间都在昏昏沉沉地睡觉。很快，她不再说话，需要吗啡来镇痛，呼吸要靠瓶装氧气。玛丽六神无主，无能为力。躺在女儿身边，抚摸着她的脸蛋，亲吻着她的头发，玛丽声音很低地对她说："上帝爱你，天堂是一个美丽的地方。天堂里的妈妈在等你。"1993年6月19日，巴布拉停止了呼吸。紧紧地抱着女儿的尸体，玛丽说："你从一个爱你的地方走向另一个爱你的地方。"

巴布拉的葬礼在阿尔巴尼区大教堂举行。小姑娘5年前孤身一人来到这里。今天数百人在聆听霍华德·哈伯德教主对巴布拉的美好回忆。他说，在他的办公室里，他保留着一张她的照片。"巴布拉短暂的一生，的确是一个奇异的爱情故事，"霍华德主教说，"她的故事，是人类精神的胜利，是善良战胜疾病、痛苦甚至死亡的胜利。"与巴布拉一起埋葬的有她的第一套教服和她心爱的玩具熊。

在她的墓碑上除了她的名字和生辰忌日，还专门刻了一只蝴蝶。巴布拉喜欢蝴蝶。她去世前的那个夏天，玛丽的一个朋友送给她一只棕褐色的蝴蝶茧。巴布拉把它放在一个坛子里，每天都要看看。茧慢慢变黑，巴布拉以为它死了，很是担心。她赶紧去叫妈妈。当她们回到家时，蝴蝶已经破茧而出，翅膀都快干了。当蝴蝶飞起时，母女俩手拉着手看着蝴蝶越飞越远，直到从她们的视线中消失。

巴布拉去世一年多之后，玛丽仍然感到很消沉。她不再祈祷，不再去教堂。为了从失去女儿的悲痛中走出来，她前往威斯敦一个小女修道院静修。在静修的最后一天，玛丽来到附近一座池塘。她看到两只黄色蝴蝶在水上追逐。玛丽闭上眼睛，想起巴布拉，想起没有死的那只棕褐色蝴蝶，想起巴布拉的飞行梦。她睁开眼睛，只见十几只蝴蝶在她身边飞来飞去。

心灵感悟

她的故事，是人类精神的胜利，是善良战胜疾病、痛苦甚至死亡的胜利。

瘸鸡案

住在村东头的胖大嫂早上喂鸡时发现鸡少了一只，急忙追出院四下寻找。忽然，她在老赵家门前啄食的鸡群中看到了那只小瘸鸡，便悄声上前一把将鸡抓在了手里。小瘸鸡扇着翅膀咯咯直叫。

“胖嫂，你抓我的鸡干吗？”赵嫂闻声赶出门来。

“这明明是我家的瘸鸡，你管得着吗？”胖嫂气呼呼地嚷道。

于是，二人你来我往互不相让，很快由唇枪舌战演变成了拳脚大战。此时，村里的调解主任老韩闻讯赶到，二人抢上前去请老韩为自己撑腰作主，解决瘸鸡的归属问题。

老韩大手一挥，让她们都别再吵，详细说说自家小鸡的特征，可二人说来说去，难见分晓。

老韩思忖片刻，一拍大腿：“得，这事咱们还得问小鸡！”他仔细观测了一下这里到赵家的距离，然后叫人放鸡。小瘸鸡连跑带跳一头钻进了赵家的小院。接着他又带了鸡到胖嫂家附近，放鸡后，它又一路跑跳，过胖嫂家门而不入。看热闹的人也议论纷纷，而鸡的归属已经明了。

红着脸的胖嫂向赵嫂赔了礼。

心灵感悟

企图占据别人的东西为己所有，既不道德，也难以如愿，更会自寻尴尬。这样的事切不可为之。

左撇子疑犯

端州桂阳地方有两伙人，因为争抢一只小船，互相械斗，打死了一个人。当时，捕快把参与械斗的几个人抓住，关押起来，审问了几次，都不承认自己是打死人的凶手。因此，案子很久定不下来。

端州刺史欧阳晔亲自审理案件。这天，他吩咐差役把犯人都带到庭中。等把人犯带齐后，又传命松去他们的刑具。

差役们不敢怠慢，上前去七手八脚地把犯人的手铐脚镣都卸在一边。随后，欧阳晔道："取酒饭来!"犯人见给酒饭吃，心中喜欢，都狼吞虎咽吃了起来。一会儿吃完后，欧阳晔便令差役留下一名犯人，将其余的照样收监。

单独留下来的犯人，心中疑惑，顿时变了脸色，欧阳晔对他说："快快把你抢船时打死人命的事，从实招来!"

那人以为欧阳晔并没有掌握真凭实据，初时尚且抵赖，道："那天抢船，小人是参加了械斗，却并未打死人命，求大人明察。"

欧阳晔道："你就是打人致死的凶犯。方才这么多人吃饭，我仔细观看，只有你是左手执箸。这次械斗打死的人，伤在右肋，说明是善使左手作活的人所为。可见这凶犯不是你又是谁呢?"

犯人痛哭流涕道："是我打死了人，我完全承认，绝不敢连累他人。"

心灵感悟

俗话说："要使人不知，只有己莫为。"以侥幸蒙混过关是难以如愿的。须知没有解不开的死结。

荣誉无价

我的小学时光是在得克萨斯州度过的。我就读的那所小学校一直保持着一项传统：每年的毕业典礼上，成绩最为优秀的毕业生将作为学生代表致告别辞，并被授予优等生荣誉衫。荣誉衫的左前胸有一个金色的大写字母S，口袋上印着获得者的名字，也是金色的。

几年前我的大姐罗丝曾获得过一件荣誉衫。我对它心仪已久。从一年级到八年级，我的各门功课全都得优。我多么希望也能拥有一件属于自己的荣誉衫啊!我的父亲是位农民，养活不起我们姊妹8人。我6岁时，被送给祖父抚养。因为家里穷，交不起注册费、服装费，我们家的孩子们从未参加过学校运动会。尽管我们家庭成员个个都灵活矫健，擅长运动，却都未得到学校的运动衫。于是，获得优等生荣誉衫便成了我们的唯一机会。

5月，毕业的日子一天天临近。春倦症让大家昏昏欲睡，没有人再把

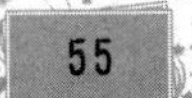

心思放在课堂上，一心只盼着毕业前的最后几天快点儿过去。我每次望着镜子里的自己，都有一丝绝望涌上心头。

笔杆儿一样的身材，全身上下没有一丁点儿的曲线美。同学们给我起了个绰号："面条"。我知道他们说得没错。胸脯平平，没有翘起的臀部，智慧的脑袋是我的唯一。哎！这些毕竟不是一个14岁的孩子所应该注意的。我胡思乱想着，心不在焉地从教室逛到了操场上，猛然想起我的运动裤忘在课桌下的袋子里了。我可不想因为没穿短裤而让体育老师发火，我得回去拿。

走到教室后门的时候，里面传出愤怒的声音，好像有人在为什么争吵。我停住了脚步。我并非有意偷听，只是迟疑不决该如何是好。我必须进去，可我又不想打断老师们的争论。我听出来这是我的历史老师施米特先生和数学老师布恩先生的声音。令人难以置信的是他们竟是在为我的事争论不休。突如其来的震惊使我死死地贴在墙上，恨不能跟墙融为一体。

"不行，我不能这样干！我不管她的父亲是什么人，她的成绩根本无法和马莎相提并论。马莎每门功课都是优秀，这你是知道的。"这是施米特先生的声音，听得出他非常愤怒。

布恩先生的声音平和而安详："听我说，乔安娜的父亲是学校董事会成员，在镇上有一家铺子，跟我们来往密切。此外……"

我脑袋里嗡的一声，什么也听不进去了。只有断断续续的只言片语渗入我的耳膜："……马莎是墨西哥人……辞职……不行……"接着，施米特先生怒气冲冲地冲了出来，朝对面的礼堂奔去。幸好他没有看到我。停了几分钟，我让自己颤抖的身体平静下来，然后走进教室，一把抓起书包，逃也似的奔出来。我进去的时候，布恩先生抬头看了我一眼，但什么也没说。记不清那天下午是怎么挨过去的。我闷闷不乐地回到家，把头埋到枕头里哭了，哭了整整一个晚上。我偷听到了他们谈话，这个巧合对我来说是一种残忍。

第二天，不出我的意料，校长把我叫到他的办公室。他看上去很不自在，心事重重。我下定决心不能让他轻而易举地得逞。我直视着他的眼睛。他把视线移开，有些坐立不安，随手翻弄着摆在桌子上的几份文件。

"马莎，"他开始讲话了，"学校关于优等生荣誉衫的规定有些变动。你知道，往年荣誉衫都是免费授予的。"他清了清喉咙，接着说，"可今年学校董事会决定要收一定的费用，15块钱，这只是荣誉衫价格的一部分而已。”

这是我始料不及的。我惊讶地盯着他，他还是不敢直视我的眼睛。

“如果你付不起15块钱，那荣誉衫就要授予排在你后面的那位同学了。”

我没必要再问那位同学是谁了。我站在那儿，不失丝毫尊严。

“我会跟爷爷商量的，明天就给您答复。”回家的路上，我的泪水尽情地流淌着。到家后，我的眼睛已是红肿的了。

“爷爷呢？”我问奶奶，眼睛看着地板，害怕她问我怎么哭了。

“他可能去地里干活了。”奶奶正在缝褥子，跟往常一样，头也没抬地说。

我走出家门来，向田里望了望，爷爷果然在那儿。他弯着腰，手里握着锄头，正在田垄间辛苦劳作。我慢腾腾地朝他走去，思忖着怎样向他张口要钱才好。牧豆花甜甜的香味儿伴着凉爽的清风飘然而至，而我这时已无暇顾及了。我满脑子里只有荣誉衫，我多想得到一件啊！它所意味的已不仅仅是代表毕业生在毕业典礼上致告别辞，它代表着8年的勤勉刻苦，8年的企盼渴望！我得对爷爷实话实说，这是我唯一的机会了。看到我的影子，爷爷抬起头来。

他在等我开口讲话。我紧张兮兮地清了清嗓子，紧紧攥在一起的双手背在身后，以免他看到我的手在发抖。“爷爷，我得求您帮个大忙。”我用西班牙语说，他只懂西班牙语。“爷爷，校长说今年的优等生荣誉衫不能免费授予了，得交15块钱。我明天就得把钱交上，要不然，荣誉衫就给别人了。”爷爷直起身来，面带倦容，下巴靠在锄头柄上，双眸凝视着远方的麦田。我期待着，期待着他说他会给我这笔钱。

他转过身来，语气平缓地问：“优等生荣誉衫究竟意味着什么？”

“它意味着8年来，你的学习成绩最优秀，你最棒，所以才把它给我。”我赶忙回答。

爷爷什么也没说，弯下腰，继续用锄头锄着麦苗中间冒出来的杂草。这个活费时耗力，有时麦苗跟小草紧挨在一起。我眼里噙着泪水，正要转身离开，他说话了。

“马莎，如果你付钱的话，那它还是荣誉衫吗？它还是项荣誉吗？告诉校长，这15块钱我是不会交的。”

我回到屋里，把自己反锁在厕所里，很长时间不出来。虽然我知道爷爷说得没错，可我还是生他的气。

我也生学校董事会的气，他们凭什么偏偏在轮到我的时候突然改变规

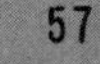

定?他们还有没有信仰和人性的纯真?

第二天，生性内向、沉默寡言的我硬着头皮走进校长办公室。这一回，该轮到他直视我的眼睛了。

“你爷爷怎么说的?”

我直挺挺地坐在椅子上。

“他说他是不会掏钱的。”

校长低声嘟囔几句什么，我没听清。他站起身来，走到窗前，站在那儿，望着窗外。他站着的时候，看上去要比平时高大了许多。他身材高挑，满头银发，面容略显憔悴。我看着他的后脑勺，等他开口说话。

“为什么?”他最终说话了，“如果他愿意的话，他还是能付得起这笔钱的。”

我望着他，竭尽全力把所有的泪水都吞咽下肚去。“我知道，先生。可我爷爷说如果我花钱的话，那它就不再是一件荣誉衫，不再是一项荣誉了，因为荣誉无价!”我起身要走，“我知道你要把它给乔安娜。”我本不想说这句话，可它不知怎么的从唇边溜了出来。

“马莎……等一下。”我正走到门口，校长叫住了我。

我转过身来，望着他。他究竟要干什么?我能感受到我的心在胸腔里怦怦地剧烈跳动，我能看到我胸前的衬衣一上一下地颤动着。嘴里有一股苦苦的、怪怪的、难以形容的味道。我感到恶心。我不需要同情与怜悯!校长重重地叹了一口气，坐回他的大办公桌前，咬着嘴唇，盯着我。

“好吧，我们这回就为你破个例。我马上告诉学校董事会，你将得到你的优等生荣誉衫。”

我简直不敢相信我的耳朵。“噢!谢谢，谢谢您，先生!”我冲口说出，声音在颤抖。

体内好像有什么东西在迅速膨胀，我突然觉着自己一下子变得伟大起来，像充气的玩具一样，越来越大，最后跟天一样大。我想笑，想叫，想跳，想一口气跑上几英里。我得做点儿什么。我跑进大厅里哭了起来，在那儿没人看得到我。

这天快要结束的时候，施米特先生冲我眨眨眼，说:“嗨!我听说今年的荣誉衫归你了?”

他面带微笑，明亮的眸子里闪烁着孩子般的快乐与天真。我什么也没说，迅速地拥抱了他一下，然后向公共汽车站跑去。我又落泪了，可这回是幸福的泪水。

我没回家，直接跑进麦地里，迫不及待地要把这消息告诉爷爷。爷爷正低着头，全神贯注地侍弄着那些幼小的麦苗。

“爷爷，校长说他将为我破例，我能得到荣誉衫了！”

爷爷没有说话，只是冲我微微一笑，用手轻轻地拍了一下我的肩头，从后裤袋里掏出一条皱皱巴巴的红手绢，擦了擦额头的汗。

“快回家吧，你奶奶还等你帮她做晚饭呢。”

我咧开嘴笑了。

爷爷没骗我，荣誉是无价的！

心灵感悟

荣誉既是对我们成功的肯定，也是激励我们继续前行的动力。如果用金钱来衡量荣誉的价值，那么荣誉便成了一件可以随意购买的商品，从而失去了它原本的光环和意义。荣誉无价，它只属于通过努力获得成功的人。

惩罚

8年前，特纳尔在一次酒后驾车时，撞死了一名叫苏珊的年轻姑娘，她还在上高小。当时他接受了一项姑娘的父母提出的处罚：每周要给死者的父母寄一张支票，支票必须是开给苏珊的，金额为1美元——不多不少，仅仅是1美元。而且要在以后的18年的每个星期五寄出。真是“黑色星期五”哇！

特纳尔觉得自己捡了个大便宜。每周1美元，18年加起来不过是936美元，太小意思了。苏珊家的亲戚朋友们也大惑不解，认为苏珊的父母因悲愤过度被气糊涂了。每周1美元是个什么数字？若想用罚款解决，就要狮子大张口，要他900万、9000万也不为过，而且还要一次全结清。干吗要拖上18年？夜长梦多，拖来拖去对方赖账了怎么办？苏珊的父母却不为所动。坚持原来的条件。

8年以后，特纳尔受不了啦，不再按时寄支票。苏珊的父母又将他告上法庭。特纳尔的精神几近崩溃。他泪流满面地对巡审法官说："我实在是无法忍受了，每次填写苏珊的名字时心里都会泛起极度痛苦的罪恶感。苏珊的死还历历在目，这伤口太深了，而且每个星期都要撕开一次，后边还有漫长的10年，怎么熬啊？也许熬不到10年我就会疯了。我喜欢躺在床上胡思乱想，现在无论什么时候一躺下，就看到苏珊正向我走来……"他要求加倍偿还，并一次全部付清罚款。

他的请求理所当然地被法庭和苏珊的父母拒绝了。法官虽然理解他的痛苦，却还是以藐视法庭罪，判他30天监禁。

为此感到了稍许宽慰的是苏珊的父母，他们的目的就是要让特纳尔不能淡忘了苏珊的死，要他牢牢记住因自己的过失给别人造成的无法弥补的痛苦。他每到寄支票的时候才会想起苏珊的死就觉得受不了啦，可苏珊的父母在8年来没有一刻忘记过自己的女儿。一个像花一样的女孩，说没就没了，轮上哪个当父母的能受得了？但是，他们也并不想要他用一生来承担那次事故的后果，所以只定了18年。

真厉害，这无异于精神判刑。

如果当初只是惩罚特纳尔一大笔钱，他会因为心疼钱而觉得自己已经受到了惩罚，这容易让他心安理得，很快就会淡忘了自己所闯的祸。只有经过这样的精神惩罚，他才会真正领悟到无论自己受到怎样的惩罚都无法改变所造成的恶果。

惩罚原来也是可以换一种方式的。惩罚的方式不同，所收到的效果就不一样。地球上的犯罪和过错每天都在发生，千篇一律的惩罚在不断地重复着，倘若受害者和制定法律的人在极度的痛苦和憎恨当中，仍能像苏珊的父母那样冷静地想出最符合这个人的惩处办法，对拯救这个人并防止他（她）以后重犯同样的罪过和错误，肯定会大有裨益。

心灵感悟

别看轻了廉价的惩罚，有时候它是阻止你再次犯错的最好的拯救方式。

莫勒太太的忏悔

德国有一个风光秀丽的海滨小城，叫布隆斯比特科尔克镇。二战期间，整个世界都笼罩在战争的阴云中，这里却犹如世外桃源。镇民生活如故，牛羊悠闲地吃草。镇上三三两两的水兵迈着慵懒的步伐，享受着海滨阳光。这里便是横扫欧亚大陆的德国海军的基地。

靠近基地的大街旁，有一座古老的巴洛克式别墅，住着一个叫莫勒太太的孤寡老人。每当水兵们从门前经过，总能听到一阵阵熟悉的乡村音乐缓缓传出。水兵们听见音乐，想起了远方的家人，总是不由自主地走进去。莫勒太太就坐在草坪上静静地看书，身前烤炉上的香肠烤得“滋滋”作响。那扑鼻的香味，让水兵们感觉像回到家一样。

莫勒太太看见水兵们进来，连忙摘下老花镜笑眯眯地说：“馋了吧，孩子们？自己动手，管够！”看着他们狼吞虎咽的样子，她就像一个慈祥的母亲看着远方回来的归儿。

来得最多的就是那些潜艇上的官兵，他们在暗无天日的海底像幽灵一样游弋战斗，一上岸就迫不及待地来到莫勒太太家。每次来，总会有不同的佳肴和缠绵的音乐等着他们。

久而久之，水兵们觉得太过意不去，就要求莫勒太太开一个乡村酒吧。刚开始，她坚决不同意，说：“你们都是我的孩子，是伟大的日尔曼英雄，能来陪我这个孤寡老人我高兴还来不及，怎么能收你们的钱呢！”

在水兵们的一再要求下，莫勒太太只好在自己家里开起了酒吧。但她有一个条件，酒吧保本经营，水兵只须在清单上签上自己的大名，到年终，她将所得利润全部退还给他们。开业这天，就连德国海军总司令也前来祝贺，并发表了热情洋溢的讲话，说莫勒太太是水兵们共同的母亲！

从此以后，莫勒太太的别墅成了小镇最热闹的地方。水兵们不管是出航前还是归港后，都要到这里狂欢。莫勒太太会尽力拿出好酒好肉招待他们，还让漂亮的女招待陪他们跳起节奏鲜明的水兵舞。

每当这时，莫勒太太就独自一人安静地坐在吧台里，就像天下所有淳朴的老太太一样。不管他们是趾高气扬地吹嘘自己在海底攻击盟军的联合舰队，还是伤心地谈论阵亡的战友，发泄对战争的不满，莫勒太太只在那里打着瞌睡。每到水兵们尽兴而归，准备埋单时，她才醒过来，连忙拿着单据让他们签字，并说上一句："上帝保佑你，我的孩子！"

几年过去了，莫勒太太的生意慢慢暗淡下来，一批批的水兵从这里走后，再也没回来。尽管这样，莫勒太太还是照样将剩余的利润如数地寄给他们的母亲或者妻儿。

1945年的一天，酒吧突然一下子热闹起来，就连院子里都挤满了即将远航的水兵。莫勒太太把储藏室里所有的啤酒全拿了出来，让他们开怀畅饮。此时，这些平素不可一世的水兵，一个个脸上都写满了战败的阴云。他们一反常态地在这里任性地发泄，将啤酒瓶摔在地上。莫勒太太没有阻止他们，只是轻叹着气，一脸悲伤。

当晚，这群水兵驾驶着几十艘潜艇，乘着夜色的掩护悄悄离去，孤注一掷地去偷袭盟军海上军需供应生命线。

可就在他们出发不久，盟军大批的轰炸机突然从天而降，将措手不及的德国海军墓地夷为平地。使很多还在深海中的潜艇失去了指挥，被英美航空母舰制导准确的深水鱼雷击中，一个个永远地沉没在大西洋底。德国海军不可战胜的法西斯神话，就这样被打破了。

半个世纪后，一个叫莫勒太太的百岁老人，在英格兰乡下写了一本叫《莫勒太太的忏悔》的回忆录。书中首次向世人披露了一段尘封已久的秘密。原来，莫勒太太是潜伏在布隆斯比特科尔克镇的英国间谍，她利用开酒吧的机会，将写满水兵名字的单据，迅速传给英国情报部门，盟军通过这些水兵的出没，准确地捕捉到了德国潜艇的活动规律。

莫勒太太被英女王授予了爵士勋章，但她并没有多少喜悦。半个多世纪以来，她隐居在英格兰乡下，心里一直怀着深深的愧疚，那些阵亡水兵的音容笑貌经常在她的眼前浮现。她认为发动战争有罪，但那些德国士兵无罪，她每天都要到教堂里去，为自己利用伟大的母爱去博取德国水兵信任的行为忏悔。

莫勒太太在这本书的扉页上写道："谨以此书献给葬身大西洋底的孩子们，愿你们在天国安息吧！"后来，她将这本书的全部所得默默地寄给了那些水兵的后人，落款是"一个忏悔的母亲"。

心灵感悟

莫勒太太原来可以不必忏悔的，因为她的行为挽救了更多更多无辜人的性命。她的忏悔，只是基于人性的本能。

决斗

佩德罗是一个回到码头上来的水手。在一个休假的夜晚，他认识了一个貌美的女人，不由得奉承了她一番。女人说，她是个有夫之妇。佩德罗却说："离开他吧，跟我到船上去。"

没有不透风的墙。水手的话随风飘进了女人丈夫的耳中。她丈夫是个理发师，眼里容不得沙子，一再扬言定要宰了那个水手。

有一天，水手看见理发师气呼呼地向他走来，便迎上去说："喂，好汉，我知道你在找我，想杀死我。可究竟为什么呀？"

"因为你调戏我的女人！"

"没这回事！"

"你让我妻子离开我，跟你走！"

"不错，我说过。这样的话所有的男人都可能对女人讲。"

两个人的话针锋相对。理发师说："我的话不是说着玩的。今天我没带武器，改日我要和你决斗。"

水手毫不示弱："好啊，我等着。"

又有一天，水手擦了擦手枪，穿得整整齐齐地上了岸，径直向那个人的理发店走去。

"你好！"他招呼理发师说。

"你好，水手！"

"可以给我刮刮脸吗？"

"非常荣幸，请等一会儿。"

一位顾客正坐在理发椅上。水手知道该怎么做，手枪就装在裤兜里。理发师想杀死他，这可是个极好的机会！

为那个顾客理完发后，理发师请水手坐下。水手把自己的脑袋交给了

发誓要宰他的人。理发师鐾了鐾剃刀，开始为水手刮脸。

可怕的念头闪过这两个都想杀死对方的人的脑海！

剃刀一次又一次地滑过水手的喉咙。他的两腮、嘴巴和颚下都被刮得干干净净。之后，理发师又把散发着香味的凡士林擦在水手的头发上，并给他梳了梳。当水手从椅子上站起来的时候，理发师大声地对他说：

“你瞧，水手，我们之间什么事也没有发生。你是个不怕死的真正的男子汉。我们做朋友吧！”

“难道你不想宰了我？”

“不错，水手。我已经57岁了，从没有见过像你这样勇敢的人。你是个真正的男子汉！”

两头雄狮紧紧地拥抱在了一起。

心灵感悟

什么叫朋友？从开裆裤时就一起长大的伙伴还是一见如故的莫逆之交？也许都是，也许都不是。当两个男人从怒目相向、手枪指着对方的头颅要决斗，到紧紧拥抱、心心相贴，变化是大了一些。但是，男人从陌生到熟识，有时就是一段理发的时间，就这么简单。

墙上的窟窿

伯纳多特林阴大道旁的墙上有个窟窿，有人告诉乌迪，要是冲着墙窟窿喊出一个愿望，它就会实现，乌迪将信将疑。

这天夜里，孤独的乌迪冲墙上的窟窿大喊：我想找个天使做朋友！天使真的出现了，可是每当乌迪需要他时，天使往往不见了踪影。天使佝偻着背，总是穿着一件雨衣，把翅膀藏起来。没旁人在场时，他就脱下雨衣，有一次乌迪甚至触摸了他的羽毛。

有个小孩儿问他雨衣里装的是什么，他说是借来的书，他不想把书弄湿了。书的故事是假的，他的翅膀也是假的，“天使”当然也是假扮的。只有乌迪坚信他是真的天使。

他给乌迪讲述令人着迷的故事：讲天堂里的幸福，讲夜里不用把钥匙

从汽车上拔下来，讲天堂的猫什么也不怕……

他一边讲故事，一边又对他的上帝发誓说一切都是真的。

乌迪很喜欢他，甚至借钱给他。可天使却从来没有帮助过乌迪，只是不住地给他讲那些让人着迷的故事。

军训时，乌迪更需要有人陪他说说话，但天使却突然消失了。回来时胡子拉碴，脸上的表情分明在说不要问他为什么了。乌迪于是什么也没问。星期六时他们一起坐在屋顶上晒太阳。乌迪凝望天空，凝望别人的屋顶。他蓦地想起他们在一起这么多年，竟然没有见过天使飞翔。

“怎么不在空中飞飞呢，”乌迪说，“这会令你振奋的。”

天使说：“算了吧，别人会看见的。”

“飞一个吧，”乌迪说，“就飞一小会儿，就算为了我。”天使却毫不理会。

“我知道，”乌迪嘲弄着他，“你肯定不会飞。”

“我绝对会飞，”天使佯装大怒，“我只是不愿意让别人看见。”

街道对面的屋顶上有群孩子把水袋儿扔到了大街上。“你知道，”乌迪微微一笑，“小时候，在认识你之前，我经常在这里往人们身上扔袋子。我会对准两个天棚间的地方扔，”乌迪朝栏杆弯下腰，指着杂货店和鞋店中间的空地，“人们只能看见天棚，他们不知道是谁干的。”

天使也学乌迪俯视下面的大街，乌迪从天使身后轻轻推了他一把。天使像包马铃薯似的从五层楼上摔了下去……乌迪惊呆了，他的天使躺在了人行道上，两只假翅膀摔碎在地上，零乱的羽毛被风吹得满天飞舞。

乌迪飞快地跑下楼，抱着一息尚存的天使。天使艰难地微笑着：“你看到了，翅膀是假的。我是住在那堵墙后面的流浪汉，我也需要一个朋友，听到你想找个天使做朋友的喊声后，就装成天使来和你交朋友……看来我们的友情无法延续了。”说完就闭上了眼睛。

半晌过后，乌迪才发现自己泪流满面，孤独的他失去了唯一的朋友，他的朋友现在或许真的变成了天使。

心灵感悟

一个墙壁上的窟窿，一个简简单单却根本无法实现的愿望，可是，一个流浪汉却做到了。虽然他装的是假翅膀，虽然他老说谎，虽然他最终坠落在街道上，但是，他让孩子相信，世间是有天使存在的。只是，天使不一定就有双翅膀，天使也不一定会飞翔。

生命的价值

在五年级的班会上，同学们正在讨论什么是生命的价值。老师让同学们畅所欲言，各抒己见。有的说，生命的价值是赚足够的钱，然后过上自己想要的生活;有的说生命的价值是取得别人的认同，得到别人的尊重……正当大家争得不可开交的时候，老师让大家停下来，然后，她给大家讲了两个故事：

一根火柴被划着了，火柴在火苗的欢舞中兴奋得满脸通红，突然一阵风吹来，吹灭了燃烧的火柴。熄灭的火柴被扔在地上，火柴沮丧极了。

“风爷爷，你为什么要吹灭火苗呀？”火柴不解地问。

“孩子，你的生命刚才险些被火苗吞噬，我吹灭它，是为了救你的命呀。”风回答说。

火柴听后，不禁叹息道：“唉，您哪里知道，我短暂的生命最大的价值就在于燃烧啊……”

另一个故事发生在孤儿院，那里有许多可怜的孩子。一天，一个小男孩儿问院长：“我长到这么大，却从来没有见过我的爸爸妈妈，走到哪里别人都不理我，像我这样的孩子，活着还有什么意思呢？”院长听了他的话，心里感到很难过，但是他没有马上回答这个孩子的问题。

过了几天，院长把这个男孩儿叫到面前，递给他一块石头，说：“你明天早上去市场，把这块石头拿去卖，但是不管别人出多少钱，你都别卖。”小男孩儿答应了，但是他心里很奇怪：“这石头也没什么特别的地方，谁会来买呢？”

第二天，小男孩儿带着这个疑问去了市场，找到一个角落蹲了下来。由于害羞，他不敢大声叫卖，只是当有人从他面前经过的时候，他才小声地喊一句：“卖石头。”过了一阵子，有个人注意到这个小男孩儿和这块石头，这个人试着要买，但是这个孩子记住了院长的话，没有卖给他。人们觉得很奇怪，就围拢过来看。有人出了更高的价格，但是小男孩儿还是不卖。市集散了以后，男孩儿回到孤儿院，他很高兴地告诉院长今天所发生的一切。院长听了，只是笑了笑，对他说：“明天你再把这块石头拿到黄金市场去卖。”结果，黄金市场里有人用比黄金还高的价格来买这块石头，小男孩儿还是没有卖。后来，小男孩儿又把这块石头拿到宝石市场上去卖。这块石头已经小有名气了，许多人都想高价买下，但小男孩儿坚决不卖，结果，这块普通的石头居然变成了“稀世之宝”。

最后，小男孩儿回到了孤儿院，他奇怪地问院长：“这明明是一块很普通的石头啊，为什么会有那么多人争着要买呢？”

院长看着孩子的眼睛，认真地说：“这块石头虽然很普通，但因为你很珍惜它，不肯把它卖掉，所以它就涨价了。你就像这块石头一样，如果你也很珍惜你自己，那么你就会觉得你活着很有价值。”

“这两个故事告诉我们，生命的价值在于奉献而不在于索取；它取决于我们对自己的珍惜，而不取决于别人的评价。”讲完故事后，老师意味深长地总结道。

心灵感悟

现实生活当中，我们帮助别人就是在点燃自己时照亮别人，因此，我们的人生也就获得了价值；如果我们懂得珍惜自己，在遇到挫折时不自暴自弃，那么我们就能实现更高的人生价值。

画家与糖人

天冷了，街道两旁的法国梧桐叶子差不多全掉光了。在这缩手缩脚的日子里，行人呵着热气依然你我匆匆。

这是一个平淡的星期天，无风无雨，太阳一副懒散的样子。我的脚步在大街上奏着轻漫的调子，几个孩童从我身旁嘻嘻哈哈地走过，仿佛才有了点生气。

前面，另一群小孩围了一副简便的担子。从那热闹中我觉得温暖。那是一副糖担，一个流浪的糖人，看上去还比较年轻，但那人的行头和打扮以及分布在脸上的风尘，明显地超出了年龄。

我一样在他面前站住了，看他用一小勺糖汁在大理石板上潇洒地画成各种动物，看他用笨拙的家什巧妙地点龙画凤。娴熟的动作博得了孩子们的欢喜和起哄，纷纷捏着小票子要一个“鸟”或“马”什么的。过路的小

孩则扯住了父亲的衣角，大人们不自然地把手放进腰包里。糖人有些忙不赢，花样却在不断更新。

我终于拗不过自己的好奇心，决定问问他的来历。

他是四川人，17岁学画画，终于意识到突破不了自己，于是流落到东北做糖人。眼下北部太寒，就随着风儿到达了南国这片土地。

我想起画家和糖人之间，想起了伟大与卑微的区别，艺术殿堂上，两者之间相差太遥远了。

一片落叶落在糖人的石板上，他用嘴一吹，叶儿打着旋飘落到一角的小溪中流走了。糖人还继续着他的糖画，仿佛根本与叶儿无关。我看着那片落叶，想了很远很远，很多很多。其实，落叶就是落叶，糖人就是糖人，我就是我，何苦要去编织那张想象的网呢。

辞了糖人，我不再去想他的天涯浪迹了。只记起他的选择和快乐，以及他一站又一站辗转，随便在一棵树下或墙脚摆上他的人生，不争不夺，与童同乐，建着一个甜蜜的信念。

路对于他是不经心的，倒是他经心地在走着自己的路。

心灵感悟

有人把人生比作一场终身都需要用心玩的生命游戏。有人专心致志，谨慎认真；有人随心所欲，破坏规则；有人不久就失去了耐心；有人走过一生还未解开谜团。你又是怎么游戏人生的呢？

苏珊的帽子

苏珊是个可爱的小女孩。可是，当她念一年级的时候，医生却发现她那小小的身体里面竟长了一个肿瘤，并必须住院接受三个月的化学治疗。出院后，她显得更加瘦小了，神情也不如往常那样活泼了。更可怕的是，原先她那一头美丽的金发，现在差不多都快掉光了。虽然她那蓬勃的生命力和渴望生活的信念足以与癌症和死神一争高低，她的聪明和好学也足以赶上未学的功课，然而，每天顶着一颗光秃秃的脑袋到学校去上课，对于她这样一个六七岁的小女孩来说，却无疑是一件非常残酷的事情。

老师非常理解小苏珊的痛苦。在苏珊返校上课前，她热情而郑重地在班上宣布：“从下星期一开始，我们要学习认识各种各样的帽子。所有的同学都要戴着自己最喜欢的帽子到学校来，越新奇越好！”

星期一到了，离开学校三个月的苏珊第一次回到她所熟悉的教室，但是，她站在教室门口却迟迟没有进去，她担心，她犹豫，因为她戴了一顶帽子。

可是，使她感到意外的是，她的每一个同学都戴着帽子，和他们的五花八门的帽子比起来，她的那顶帽子显得那样普普通通，几乎没有引起任何人的注意。一下子，她觉得自己和别人没有什么两样了，没有什么东西可以妨碍她与伙伴们自如地见面了。她轻松地笑了，笑得那样甜，笑得那样美。

日子就这样一天天过去了。现在，苏珊常常忘了自己还戴着一顶帽子，而同学们呢？似乎也忘了。

心灵感悟

大文豪雨果说：善良是历史中稀有的珍珠，善良的人几乎优于伟大的人。

贪污受贿的法官

1849年，柯罗连科就任莫斯科附近一个县城的法官。城里各界人士的代表都“照老规矩”带着礼物来拜访他。柯罗连科起初很客气地辞谢。第二天代表们带着更多的礼物又来拜访，这回柯罗连科对他们的态度就粗暴起来。第三次他竟毫不客气地用拐杖把“代表们”赶了出去。那些人就带着惊骇的表情挤在门口。后来，人们认识了柯罗连科的行为，就都对他怀着深切的敬意。从小商人起直到省长，大家都承认，没有一种力量可以使这法官违背良心和法律，然而，他们又认为，假使这位法官能够接受适度的“谢意”，那么，在他们看来就更容易理解、更普通，而且“更近人情”了。

县法院里有一件讼事，是一个富裕的地主同他的一个穷亲戚打官司。

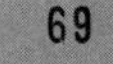

地主是一个豪绅，交际极广，家产宏富，势力很大，他大肆运用他这些手腕。那亲戚是他的寡嫂，大家都预言她要失败，因为这案件毕竟是很复杂的，法院方面也受到来自各方面的压力。那个地主经常到柯罗连科家里来。最初两次，地主的态度很威严，然而很谨慎，柯罗连科只是冷淡而严正地撇开他的话头。但是到了第三次，他终于直接提出了，柯罗连科勃然大怒，用一些很不客气的话把那地主痛骂了一顿，并且边骂边敲手杖。地主满面通红，大为愤怒，带着威胁的态度离开柯罗连科，钻进自己的马车走了。

那寡妇也来拜访柯罗连科，虽然他并不喜欢这种访问。这个被压迫而又怯懦的寡妇哭丧着脸，走到柯罗连科的妻子那里，对她讲了些话，哭起来。这个可怜的人总觉得她还应该向法官诉说些话，那大概都是些不必要的话，柯罗连科只是对地挥挥手，说出他在这种时候惯说的一句话："唉！我有自己的原则，一切都照法律办！"

结果，那寡妇打赢了官司。大家都知道，她的胜诉全仗柯罗连科的铁面无私。法院意外迅速地批准了判决，于是那个贫寒的寡妇立刻变成了一个富裕的地主。

当她再一次来到柯罗连科家里的时候，是乘坐着马车来的，大家都很难认出她就是从前那个贫穷的请愿者。她的服丧期满了，她竟仿佛年轻了些，满面是欢乐和幸福的光彩。柯罗连科很殷勤地接见了她。但是，在她请求"密谈"之后，她也立刻红着脸，淌着眼泪从书房里走出来。这个善良的女人知道，她的境况的变更全仗柯罗连科的铁面无私，或者竟有赖于他在公务上的一种英勇行为，但是她毫无办法用实物对他表示感谢。这使她悲伤，甚至感到委屈。第二天她来到柯罗连科的家里，当时他办公去了，他的妻子偶然出门去了。

她带来各种衣料和物品，她叫柯罗连科的小女儿过去，送给她一个大洋娃娃，洋娃娃穿得很漂亮，有一双淡蓝色的大眼睛，把她放下睡觉的时候，她的眼睛会闭上。

当柯罗连科从法院回来的时候，家里顿时乱了起来。他骂那寡妇，把衣料丢在地上，埋怨妻子。直到门口出现了一辆车子，所有的礼物都被堆在车子上面送回去了的时候，他才安静下来。

然而，轮到要追回洋娃娃的时候，小女儿坚决抗议，她的抗议异常强烈，柯罗连科几次试图未遂，终于让了步，虽然很不情愿。

“为了你们，我终于贪污受贿。”他愤怒地说着，走进了自己的房间。

心灵感悟

人往往都非常注重感情。讲原则，也要讲人情，这分寸实在难以把握。然而在原则问题上，无论亲情友情都是第二位的，人们往往在重大问题上抛弃原则而维护亲情友情，这是许多人犯错误的主要原因。

被弹劾的真正原因

有个南昌人，住在京城里，做着国子监的助教。一天，他偶尔路过延寿街，看见一个年轻人正在点钱买《吕氏春秋》。刚好有一枚钱掉在地上，这个南昌人就走过去用脚踩住钱。等年轻人走后，他就弯下腰把钱捡起来。旁边坐着个老头子，看了半天，忽然站起来问这人的名字，冷笑两声就走了。

后来这个人以上舍生的名义，进了誊录馆，求见选官，得到了江苏常熟县尉的职位。

他正打点好行装，准备上任，递了一张名片给上司。当时，汤潜庵正担任江苏巡抚，这人求见了十多次，巡抚都不见他。官府里的巡捕传下汤潜庵的命令，叫这人不必去赴任，原因是他的名字已经挂进了被检举弹劾的公文里了。这人大惑不解，便问是为什么事情而被弹劾的。人家回答说：“是因贪污。”

这人想，自己还没到任，哪里会贪污呢。肯定是搞错了，就想进去当面解释一下。

巡捕便将此事禀报了汤潜庵后，再次出来传达道：“你难道不记得当年在书铺里的事了吗？你当秀才的时候，尚且爱那一文钱如命。现在你运气好，当上了地方官，那你还不把手伸进人家的口袋里去偷，成了戴着乌纱的小偷？请你马上解下大印走吧，别一路上哭个不停。”这人才知道，当年问他姓名的老头，竟是这位汤老爷。他于是惭愧地辞官而去。

当官还没上任就被弹劾，也算是一件出人意料的事。这个故事可以给那些贪图小利、行为不检的人作个劝诫吧。

心灵感悟

人的道德素质，在一些小的事情上很容易地就能表现出来。“慎独”是一个人获得成功的重要条件。不管有没有人看着你，在任何情况下，都要保持良好的道德。

海军大将军上了铜像的当

杜威，美国有名的海军大将军。1898年，在争夺菲律宾的美西战争中，杜威以其高超的战术，打败了马尼拉湾称王称霸的西班牙舰队，为美国霸占菲律宾立下了赫赫战功。可是，后来这位大将军却因一时糊涂，在官兵中留下了一个千古笑话。

那是1899年9月，杜威海军上将在菲律宾偶然发现了探险家埃尔卜诺的塑像。塑像高约一米，底座由整洁的铁栏围着，全身金光闪闪。杜威觉得，刚打完大胜仗，应该带点有价值的东西回国作纪念，而这个大铜像正合其意。于是，他命令士兵设法把铜像取走，用船运回美国老家去。

指挥官下令了，士兵们不得不办，根据杜威的旨意，他们开始做准备工作。为了吊起这个庞然大物，士兵们在杜威的指导下，准备了吊杆等升降设备。吊运前，这位海军上将一再告诫士兵们要小心，千万不要碰坏这尊优质“铜像”，这是他在菲律宾大海战的奖品，应该把它完整地放到美国的故土上。

士兵们唯恐成为“罪人”，小心翼翼地操作大型起重机。突然，士兵们目不转睛的双眼发出迷惑的神色，只见那起重机起吊时，显出一副悠然自得的样子，但最终谁也不敢说出来。

起重机终于把大“铜像”吊到了另一块地上，好奇的士兵纷纷围了过来。这时大家才发现，原来牛刀宰了只鸡！大“铜像”根本不是什么铜做的像，而是木头做的，只是雕像外表涂了一层铜色而已，而且，有的地方已经腐烂。

显然，大将军被铜像的外表所迷惑，没有识破庐山真面目，上了一个大当。此事传开，士兵们个个捧腹大笑，真可谓战场上大获全胜，战场外被“铜像”愚弄。

心灵感悟

人往往被假象迷惑。清醒地认识自己，是把握成功的关键。

把灵魂的耳朵叫醒

我想，这个故事一定能让你铭记一生的。

有一个青年，20多岁，正是青春年少，然而他却因杀人罪被判处死刑，这是当时许多人意料之中的事。然而令人意想不到的是，他是自己到公安局投案自首的，而且宣判那天，他很平静。

他的父亲是当地数一数二的富商，对宝贝儿子的所作所为大为恼火，“恨铁不成钢”地责骂他犯傻。

曾经，他也是品学兼优的学生，有着一段朴实无华的少年时光，可是后来，他学会了逃学、打架、吸毒，以致最后杀人。

执行枪决的前三个月，他被关在密封如笼的死囚房里，最大的心愿是能够快快结束生命。似乎，这个世界上已没有什么东西再让他留恋了，直到他看到了一只麻雀。

那天中午，他正蜷在牢房的一角，突然一声熟悉的声音传进寂静而空荡的牢房里，他像是听到了什么，连忙站了起来，抬头向上看，脸上第一次露出了笑容——一只麻雀在铁网的网格间欢跳乱叫,还不时地歪着脑袋看他。

他一动不动地凝望着那只麻雀，没有人知道他都想了些什么。

只是从那一天开始，他天天望着铁网，他在等那只麻雀，但那只麻雀从此再也没有出现过。

后来，他开始在看守所的《新生》小报上发表一些自我反省的文章。他说，我没有想到，活到今天我第一次看到了麻雀。

很多人不明白他在说什么,但我明白,他是真的第一次看到了麻雀——有婴孩般的惊喜和真诚的怀念为证!

活到那一天，他只看到了一只麻雀，却是以死刑为代价的。

不要可怜或是同情他，更不要耻笑或蔑视他，想想我们自己，可曾看见过一只麻雀。

故事还没有完，但剩下的故事的结尾，他永远也不会知道了，就像他生命中的另一只麻雀，他永远地错过了。

接下来的故事是这样的。

执行枪决前，他诚恳地再三嘱托一个狱友出去后一定帮他了却一桩心愿。原来，初三时，与他同桌的一个女孩因贫穷不得不辍学，临走前女孩要他第二天送送她，并说有事求他。

他猜想女孩是想向他借钱，他便准备好。可是，当天晚上他因打架受伤没能去车站，所以他想求狱友出去后，帮他找那个女孩解释一下，他不是故意失约的，他不是一个不讲信义的人。

一个劣迹滔天的死囚临终前的心愿竟是这样一个小小的牵挂！我们没有理由感动，就像他看见了一只麻雀一样，何足挂齿。

但是我们错了——因为我们没有看见过一只麻雀。

后来，那个狱友出去后，找到了女孩，女孩已为人妻、为人母了，听完一切后，她哭了："10年前的那天我约他，并不是为了借钱，只是想带他到山里吃几天苦，见见他从来没见过的东西啊……"

听到这句话，我想每一个纯净的灵魂都会禁不住打一个冷战。谁会想到这一场误会竟成了他们两人之间的隔世之憾了。而那时，他本应看见麻雀及一切的啊！

然而，他错过了那一天，直到生命将止，他才看到了一只麻雀。他看到的那一只，也许正是我们应该去寻觅的那一只。把握住自己的生命，把灵魂的耳朵叫醒，在一个平平常常的黎明里，去倾听一声鸟鸣，去领会一种语言……

这是每一个脆弱的生命最重要的。

心灵感悟

人们总是习惯性地固守在自己一个人的世界里，对周围的人或者事物在心里筑起一道高墙，只关注着眼前的一方疆土，因此路越走越狭隘，却不知或许直到生命将止之时，才会发现自己错过了那只本该寻觅的麻雀，错过了那种能够将灵魂的耳朵叫醒的声音。

所以，不妨在你的"心墙"上多开几扇窗户，以迎接每个平常黎明的明媚阳光，感受生活中朝夕的幸福。

爱的踪迹

“文化大革命”后，重新回到西安城西河沿，我久久地站在那里，感情惊异得不能自已。

这地方，是不咋大的，绕着青砖砌起的古城墙，便是那曲河水，缓缓坦坦的样子。初看并不怎见流动，浮萍厚厚地铺在上面，像一层绿色绒毯，似乎可以踩上去打个滚儿；有风掠过的时候，绿毯也不见开，只是微微地起伏，使人觉得温柔可爱。顺着河边儿，萋萋地长密了草；远十步许，上得岸来，就是坪地；草没有水边的肥壮，却多了几分嫩黄；每隔三步，有一株洋槐，整齐地排列过去，枝叶是交叉着的，分不清哪一枝是哪一棵树的。时正初夏，槐花开得雪白，一嘟噜的，一串串的，暗香淡淡浮动着。只有蜜蜂知道香的来去，激动地飞着，千百次鼓颤着翅翼。

这么个去处，在别的地方，或许并不见稀罕，但在西安这个闹市里，却有几分世外仙境的味道。此时此地，从异地归来的我，稍稍闭上眼睛，作个回想，13年前的场面就再现在面前。

天已黄昏，正是夕阳无限好的时候，一对一对的少男少女，来到这里约会。远远看去，暮雾从河面起身，悄悄浮上坪地，朦朦胧胧的，掩去那槐呀草的。约会人的自行车，看不清头，也看不清尾，只见那一圈半圈的闪光。月亮出来了，照着绿毯般的河水，闪着深浅不一的绿光。这河边、树后、车下，必是有了一对人，人是多情多义，话是如糖如蜜，一对不妨碍一对，一直谈到月亮在城墙垛上坠了，露水从草叶爬上了裤管……

是这么个地方酝酿着爱呢？还是爱使这个地方有了魅力？任何的少男少女，都是为着爱的追求而来，怀着爱的充实而去。爱原来是在幽幽的静里产生，爱原来是属于脉脉的夜的啊。

我不禁有些惊颤了：13年前，我不是就从这里走过的吗？哪一处是我获得爱的地方呢？13年了，动乱中我走过多少地方、经过多少世事，如今拖着一副疲倦的身心站在这河沿上，拼着千呼万唤，我的爱能再一次走来吗？

河水还是昔日的模样，可它已不是昔日的河水。槐树还是昔日的槐树，

但分明粗多了，也密多了。一岁一枯荣的小草，根还是昔日的根吗?13年了，从这里走去了多少男女，多少男女又向这里走来，这里该留下了多深多厚的爱呢？

我低下头来，在河沿上徘徊，看那绿毯起伏，让柔和的风吹着面颊，我细细地搜索着河沿，想要找着那爱的踪迹。

那斜坡处，有了一个一个的小台儿，似乎是两把并排的坐椅。噢，爱一定在这里停过：今天一对人在这里坐着，明天另一对人又来坐着，天长日久，这里便成了固定的位置，那无数的衣裤已经磨得小土台儿光光滑滑。那台儿下，差不多是有了小坑儿的，这是情人们坐在那里，让月光照着，让夜风吹着，满身的激动，满心的得意，已经不能自觉地用脚一下两下地踢地，踢出的小坑。

开着两点三点小花的草丛，住着蛐蛐、蚂蚱的树下，是一堆堆瓜籽皮儿、糖果纸。那是谁留下的呢？想想吧，一封短信，一个电话，情人们约定了时间，他们在这里相见了。你掏出一包瓜籽，她取出一手帕糖果，该说的都说了，该吃的都吃了，那吃进去的是甜的蜜的，那说出来的是蜜的甜的，他们在甜蜜之后走去了，却留下了爱的踪迹。

到处的草都是密密的，高高的，竟有这样的地方：草没了茎，没了叶。只留下草根。草呢，草呢？草被掐去了。他们坐在那里，一个热切切地盯着脸，一个羞答答地低了眼；一张薄亮亮的纸捅破了，两根心弦砰地一弹，却无声地静默了。鸟儿在树上也不曾叫，蛐蛐在草里也不曾动，一双颤抖的手，下意识地在掐身边的草，掐下一节，再掐下一节……

哟，这里，就在这里，看不见那台儿坑儿，没留下瓜籽糖纸，而且压根儿没有长草，爱的踪迹在哪里呢？往下可以看见，就在这地方下去一丈远的斜坡上，长起了一丛青油油的瓜秧儿。是了，这毕竟是坐过一对人的，吃过炒得不全熟的瓜籽，就在他们离去不久，该是落过一场小雨，将那遗留的未嚼的瓜籽冲在斜坡，慢慢生长出苗儿了。试想，那爱的获得已经很久，或许，他们已经结婚了，或许，他们已经有了孩子。

啊，城西河沿，到处都是爱，到处都有着爱的踪迹！无怪过去13年了，这河水的绿毯依然这般绿，这洋槐的白花依然这般香。城西河沿，充满了人生爱的圣地，经过一场“文化大革命”竟还能这么保存下来，竟还这么使几代人永远恋慕向往，我该怎样来称呼你呢？

太阳慢慢地在天边西斜了，动人的余晖在河的绿毯上染上玫瑰般的艳红，接着就变成桔黄了，越来越嫩，越嫩越淡；槐的林子开始朦朦胧胧的了。我抬起头来，看见远远的地方，开始有人走到河沿这边来，影子是那样的轻盈、柔曼。我知道，夜色到来了，幽静到来了，爱该到来了。我慢慢地从河沿走开去，感觉一个中年、一个失去了往日的爱的人，在这里是不相宜的。但我脚步儿却几番沉重，几番留连，深深地眼红着走来的少男少女们：爱的获得难道只有他们吗？爱难道消失之后就再不能获得吗？

我又退了回去，在一棵槐树旁坐下，默默地说："我应该待在这里，我需要在这里待一会儿，让爱再回到我的心上吧。"

城西河沿啊，13年后，重新站在你的身边，我的感情再也不能自已了啊！

心灵感悟

爱是一次心灵之旅，在这漫漫无期的人生旅途中，没有航标，没有灯塔，但随处可见爱的踪迹。在这如山般清澈的岁月里，总有太多的欣喜和甜蜜让我们刻骨铭心。比如那夕阳投下的艳红；比如那河边槐树吐露的新绿；比如那草丛中蛐蛐的吟唱；比如那芬芳争艳中蝴蝶的飞舞；还有那静谧到让人销魂的长夜。春去秋来，物是人非，唯有那爱的传说经久不息。

上帝的救援

有一个年轻人，他一直虔诚地信仰上帝，每天他都向上天祈祷。他相信上帝一定能注意到他这个忠心的信徒；当他最困难的时候，上帝肯定会出现并毫不犹豫地帮助他。

一天，一场突如其来的洪水袭占了村庄，所有的房屋都被摧毁，所有的财物都被毁坏，所有的人都被冲到水中，这个年轻人也不例外，他跟大家一起在水中漂浮着。只不过他不像其他落水的人那样高声呼救，因为他觉得现在是该上帝来帮助他的时候了，他相信他一定能得救，他对上帝怀有无比的信心。

突然，一个浪头打来，把年轻人卷入水中。浑浊的水灌进了他的嘴里，

他本能地挣扎起来。等他再次浮上来的时候，他发现前面不远处漂着一根木头，只要他一伸手，就可以抓住那根木头，但是年轻人没有伸手。他心想：我这么相信上帝，上帝肯定会来救我的。如果我靠木头爬上了岸，我就没机会得到上帝对我的眷顾了。于是他眼睁睁地看着木头漂走了。

当年轻人再次从水中浮上来时，一艘救援船发现了他，船上的人叫他把手伸过来，他们拉他上来。年轻人这时已经很累了，但是他拒绝上船。他说："不用了，上帝会来救我的。"于是船就从他身边开走了。

当年轻人第三次浮出水面时，一架直升机正在他头上盘旋着，上面垂下一根绳子，只要年轻人伸手抓住绳子，他就可以被拉上飞机。可年轻人再次拒绝了，因为，他相信上帝很快就会来救他的，他心中的信念坚定无比。

就这样，年轻人在波涛中载浮载沉。他无数次地被卷入水中又浮出来，他已经筋疲力尽了。又一个浪头冲过来，年轻人再次被卷入水中，这次，他再也没能浮上来。后来，他终于见到了上帝，上帝正在悠闲地喝着茶。年轻人不满地对上帝说："我对你这么信任，可在我最危难的时候，你却不肯出手来救我。世人信仰上帝又有何用？倒不如信仰自己。"

上帝微笑着对年轻人说："这不能怪我，在你危难的时候，我曾派了一根木头、一艘船和一架飞机去救你，可你连手都不肯伸一下，这能怪我吗？"

年轻人顿时目瞪口呆。他压根儿没想到，那根木头、那艘船和那架飞机居然就是上帝派去的使者，只要他肯伸一下手就能得救，他却有眼不识"上帝"，把活命的机会白白放过了。他后悔不已，但却无法挽回了。

其实，生命中太多的障碍，皆是由过度的固执与愚昧无知造成的。在遇到困难的时候，我们都不免希望有贵人相助，但是，援助也是要积极争取的，不可能只是被动接受。这个世界上没有人有义务给予你帮助。在期望别人伸出援手之际，别忘了，唯有我们自己也愿意伸出手来，人家才能帮得上忙！

心灵感悟

生活中，我们常会见到一些"衣来伸手，饭来张口"的人。这样的人，在家依赖父母，在外依赖别人，遇到困难时，也只是等待别人的帮助，而自己从不肯动脑筋，于是，渐渐就形成了一种惰性思维，最终害了自己。因此，我们不能做这种消极懒惰的寄生虫，而要树立积极独立的人生观。

两幅画

几个朋友在一个咖啡馆闲聊，谈兴正浓时，一个人大发宏论，不禁手舞足蹈起来。一不小心竟打翻了服务员手中的盘子，满杯的咖啡全溅在了白色的墙壁上。店主见新粉刷的墙壁被咖啡玷污了一大片，就坚持要这一桌的客人赔偿损失。

正在他们僵持不下时，邻桌的一位老者把店主叫到一边，跟他悄声说了几句话，然后从随身的旅行包里取出画笔和颜料盒，走向那面沾着咖啡渍的墙……

不一会儿的工夫，墙上就浮现出了一幅画：一匹栗色的骏马安详地在草地上吃着青草，不远处，躺着一个美轮美奂的绝色女子。而刚才那片难看的污渍，也不见了。

大家纷纷鼓掌，交口称赞老画家的神来之笔，老板见这幅壁画不但掩盖了墙上的污渍，还为整个咖啡馆添光增色，也很高兴，就闭口不提赔偿的事了。

他曾是一个机关单位的正式职工，后因挪用公款而锒铛入狱。出狱后，众人对他的成见使他深感失望和无助。于是，他决定去拜访一位德高望重的老画家，以求摆脱窘境。

老画家听他说明了来意后，什么话也没说，只是径直把他领到了自己的小画室，拿起一张白纸，用手中的画笔很随意地在白纸上涂了一大团黑，并顺手递给他。

他接过来看了半天，也没看出个所以然来，不就是一张白纸上涂了一团黑嘛。他突然怀疑起来，难道老画家是在捉弄自己——那一团黑不正是影射着自己身上的污点吗？老画家注意到了他脸上表情的变化，笑着开口了："你再仔细看看我涂的那团黑中有什么。"

他再次低下头看了看，有所收获地告诉老画家："我看到了一团黑中还留有一个小白点。"老画家说："你再仔细看看那白点与那一团黑之外的大面积白色有什么不同？"

他又认真地看起来。这次，他很惊奇地说："我看到了它们的不同！黑

团中的白点比黑团外白纸的白色还要白。”不等老画家回答，他又不解地问道：“同是一张白纸的原色，为什么白点看起来却更白？”

老画家没有直接回答，而是反问他：“这不就是今天你所要寻找的答案吗？”他若有所思地看着老画家，终于明白了老画家的用意。

几天后，大街上多了一个不起眼的小店铺，老板便是他。许多年后，他成了这座城市里最具实力的房地产开发商。

心灵感悟

在成长的过程中，我们难免会因为环境或自己一时的糊涂而犯下错误，使自己原本的清白之身染上难看的污渍。一个人有了污点并不可怕，只要你勇于改过自新，不自甘沉沦，正确认识自己的错误，你就会使黑色的污点在原本的白色下衬托出更美的效果。正如墙上的污渍在艺术家的加工下可以成为一幅美丽的画一样，人生也同样如此。

骑自行车的中国人

她是我们中间的一个，一个骑自行车的中国人。

我从来没有看见过她的面容，是清秀、是俊美，或者是妩媚生动；她总是从我的背后缓缓地跟上来，漫过我的肩侧，又从容地蹬车而去。我因看到坐在她自行车后架上不足三四岁的女儿，断定她至多不过30岁的年纪。她身材消瘦，高高的个子，本来似曾有过一身使不完的劲儿，但终究劳累了，她的背影显出疲惫。

清晨，从来是沉浸着紧迫的气氛，整个城市的每一条街道都似一根根绷紧的琴弦，车辆、行人如音符般跳跃而过，生活的节奏似欢快、热烈的快板。她骑着车子，沿着每天上班下班必经的熟悉道路奔驰而去。鼓鼓滚圆的书包挎在车把上，一个尼龙网兜里装着大小两个饭盒，这大概和我们每一个人一样，大饭盒里是米饭，小饭盒里是素菜。

她蹬着车子，目光凝视着远方，头昂着，上身向前倾斜。有一次我看见她一面蹬车一面吃早点，今早该是太过于匆忙了。她还想着身后的女儿，不时地从衣兜里掏出饼干回手向背后送去。她还轻声地吟着儿歌，那是托儿所阿姨教孩子们唱的儿歌，女儿听着儿歌自然乖多了，向妈妈保证今天不淘气。

我目送她向前驶去，我知道还有一天的劳累等着她：她是一个女工，她要去开动机器；她是一位会计，还要和枯燥的数字共同度过8小时的时光；也许她是位炊事员，要去为千百人烧饭；或是位护士，要为病人减轻痛苦。但此刻她是一个骑自行车的中国人，时间追赶着她，她的家庭，大半就在这辆自行车上，缓慢地、沉重地、疲惫地行进着。可惜她行进的里程只能在同一的距离内无数次重复，否则记录世界之最的书籍会发现她是世界上背负着一个家庭行路最长的女人，她将成为一位明星。

她自然没有思索过那么许多，她做的是她能够做的一切，是她应该做的一切，尽管未必是她愿意做的一切。一天，一个同龄男子和她并肩骑车走着，我听见一路上她不停地抱怨，从家务劳动、丈夫的懒惰、婆婆的刁钻，到工作单位的是非纠纷，领导的不公，最后自然是菜贵了、肉贵了、蛋贵了，其中有许多甚不文雅的用语。男子默默地听着，他们还是缓缓地向前奔去，丝毫也没有因满腹牢骚而放慢脚步。我料定到了工作单位她会立时忘掉一路上的怨气，投入工作，又是一个充实的劳动日。

平静的岁月也难免有几天骚乱的日子，突然间掀起一股抢购风。我知道她没有多少积蓄，她自然也不愿为多添置一条备用的毛毯而去挤商场围柜台。她还是在同样的时间，以同样的节奏，骑着自行车漫过我的身边，消失在人的洪流里，人的洪流正披着朝霞涌动。

远远地望着她在人流中时隐时现的背影，使我这个对于个人生命价值有清醒认识的人感到羞惭，尽管我自知无论我如何奋斗都不可能使她在未来的后半生中不再骑自行车，而拥有一辆私人小汽车，但她如此不轻松地骑自行车追赶生活，总是有我们对她没有尽到责任的地方。我怕10年、20年过去，直到她成为一个老太婆还是抱怨着、骑着笨重的自行车，追赶着总也追不上的希望和憧憬。

外国人说中国是自行车的王国，但他们无法理解骑自行车的中国人在创建着怎样的生活。我们辛劳，有时几乎是疲于奔命，生活有些艰难，大家又苦于总也没有想出更好的办法。但骑自行车的中国人依然在前进，而且在相互提示不要忘记自己肩负的社会责任。如果说中国文化曾在“净”与“静”的境界中探索人性，那么中国人创建的自行车文化却是在前进与辛劳中拥抱世界与未来。

她是我们中间的一个，一个骑自行车的中国人。

心灵感悟

在一个自行车的王国中，每个骑行者都是平等的，都有权力追赶着时间和自己的幸福。而在平凡的生活中，每个人尽管时时被平凡包围着，但谁都有摆脱平凡拥抱成功的自由。

百炼成精钢

我从未忘记1946年的那晚，灾难及挑战降临我家。我的哥哥乔治练完足球后回家，却以华氏104度的体温崩溃。经检查，医生说是小儿麻痹。这是沙克医生时代之前的事，小儿麻痹在韦斯特、密苏里一带很有名，造成许多儿童及青少年死亡或残疾。

危险期过后，医生感到有责任告诉乔治真相。“孩子，我不愿告诉你，”他说，“但是小儿麻痹已造成伤残，你不得不跛脚而行，而且你的右臂将毫无用处。”乔治在上一季刚错失冠军，但是他一直想在高中时成为橄榄球冠军。

乔治几乎不能说话，他低吟：“医生……”

“是的，”医生靠近床边说，“我的孩子，什么？”

“下地狱！”乔治以坚决的语气说。

第二天护士走进房间时，发现他脸朝地板躺在地面上。

“怎么回事？”震惊的护士问。

“我正在走路。”乔治冷静地回答。他拒绝使用任何铁制支撑或拐杖。

有时他花费20分钟才离开椅子，但是他拒绝任何的建议或帮助。

我曾看过他用正常人举起100磅哑铃的力气去举起一个网球。

我也曾看过他走出去踏在垫子上，好比一个橄榄球队队长。

但是故事并未就此打住。接着几年，在他被指派为密苏里学院开办第一次足球比赛的地方转播后，他因罹患白血球增多症而又倒了下来。

是我的兄弟鲍比强化了乔治早已拥有的永不放弃的坚定哲学——

当密苏里队后卫完成十二码球传送后，播报员说：“乔治·希拉特第一次接到球”时，家人正坐在他医院的房里，感到震惊。我们全都看着床，确定乔治是否仍然在那里。后来我们才了解是怎么回事。鲍比也在起跑线上，他穿了乔治的球衣，所以乔治可以一整个下午听到他自己接获6个传球，又做了无数次的抱住、扭倒。

他为了克服单调，那天特地按照鲍比教他的照做一遍——总是有方法的。

1948年，在他踏到生命铁钉之后，乔治注定要在医院度过后来的3年。1949年，是扁桃腺炎，就在他将为费尔·哈里斯试唱之前。1950年，是全身40%的三度灼伤以及肺衰竭。他的命是我的兄弟亚伦在一次爆炸中，把自己丢向乔治，扑灭他身上的火而救回的。亚伦自己受到严重烧伤。

但是，屡次排练过后，乔治却更加坚强地回来，而且更确定他自己克服障碍的能力。他曾说过，如果一个人只顾着看路障，那他就看不到目标了。

配备了这些精神上的天赋以及灵魂的笑声，他进入了演艺圈以及改革后的电视界，借创作一些节目，诸如《忍不住的笑》与《美国喜剧奖赏》等，而且以山米·戴维斯二世这一个特别人物，赢得艾美奖。

心灵感悟

他曾被放在熔炉里慢慢锻炼，最后伴随着钢铁般的灵魂出来，用它来强化并娱乐一个国家。

她赢得了另一个世界

袁和是一位上海姑娘。几年前，她作为中国留学生，到美国马塞诸塞州蒙特·荷里亚女子学院攻读硕士学位。

为了踏出国门学习，她付出了比别人更为艰辛的努力。当时，她已经30多岁了，无论从灵气和记忆力来说，都已经落在那些更为年轻的人后面。为了让自己的愿望得以实现，她白天在街道的小工厂里和那些老大妈们一起糊纸盒赚钱，晚上则躲进一间小屋借着昏暗的灯光读外语。就这样，她以顽强的毅力通过了出国外语考试。走那天踏进机场时，她忍不住放声大哭。

读硕士，攻博士，她心中有张人生的进度表。踏上美国的土地，尽管

一切都是新鲜的——美丽的西海岸、让人惊叹的曼哈顿——但这一切没有使她驻足。过往岁月已经耽误了太多的时间，她要用超常的努力，赢得别人已经得到或没有得到的那一切。

然而，这个进度表刚刚展开，袁和就被罩上了“死亡”的阴影，命运给了这个倔强的姑娘一个无情的“下马威”——美国医生诊断：癌症。袁和刚刚到美国才两个月啊！不久，再次检查的结果是：癌细胞转移。

死亡向袁和这个弱女子扑来。这种恐惧对于任何人来说都是难以承受的，何况一个身在异乡、孤独无援的姑娘，除了那种明知道起不了多大作用，只是延缓那一刻到来的化疗、手术，大家都束手无策。于是，有人劝她回国去，那里毕竟有亲人的照顾。也有人劝她留下来，因为美国是一个自由的国度，在这里可以吸毒，可以放荡，为所欲为。人之将死，不就想减轻痛苦、转移压力、多享受几天人生的快乐吗？

袁和没有回国，也没有去吸毒、去放荡。她对人说，我还想读书，想得到硕士学位。

她的同学把她的愿望告诉医生，那位美国医生连连摇头：“不可能，这是根本不可能的。按照经验，她只能再活半年。想要得到硕士学位证书，这只是一种幻想，美丽的幻想……”

而袁和正是怀着这种渺茫的幻想重新走进教室，走进图书馆，走进一个新的希望……她仿佛忘记自己是一个癌症患者，一个被现代医学宣判了死刑的人。她拼命地读书，仿佛要把心中的痛苦全倒在浩如烟海的知识海洋里。

两年多的时间，她把死亡当成一支生命的拐杖，倚着它，无所畏惧地前行。她在教室里晕倒过，但醒来依然又走回教室；她吃下去的饭被无数次地吐出来，但她仍顽强地咀嚼并咽下去。

一个休息日，她在宿舍里看书，突然一阵眩晕，摔倒在地上。就在那冰凉的地上，她整整昏死了十几个小时。当她醒来的时候，已经是第二天的凌晨了，她的手脚已经不听大脑的控制了，然而，在一片思维的空白中，她分明听见一个声音的呼唤：站起来，站起来！终于，她爬了起来，站立了起来……

脚下是一种深浅不一的足印，尽管她曾胆怯过、犹豫过，痛苦难耐时，也想放弃追求，但她终于战胜了自己，战胜了人在懦弱、绝望中的自戕。一年多时间的苦熬，一年多向死亡的挑战，袁和终于穿着长长的黑色学袍，一步步走上了学院礼堂的台阶。她用颤抖的双手，接过院长亲自为她颁发的硕士学位证书。

对于袁和来说，这是她一生中最激动和最难忘的一天，她终于用自己的毅力和意志，把梦想变成了现实。

教授们和那些来自不同国度的同学们，在台下为袁和鼓掌。他们看到了勇气，看到了无畏，看到了人格的力量。

袁和并没有停止她生命的进程，她又以顽强的毅力去攻读博士学位。但是，没过多久，病魔终于夺去了她年轻的生命。

一个普通生命的消逝，竟在那一方土地上引起了很大的震动。马塞诸塞州的4家报纸都刊登了袁和的大幅照片。报纸撰文称赞袁和的一生是人类“关于勇气的一课”。

蒙特·荷里亚女子学院破例下旗两天，向这个普通的中国女留学生致敬。他们还设立了“袁和中美友谊奖学金”，以奖励那些对中美文化交流事业作出贡献的人们。

在学校附近的草地上，学院为袁和立了一块碑，碑上面有一张袁和微笑的彩色照片……

袁和以她的勇气和毅力，在异国他邦塑了中国人不朽的形象。这是一个让人钦佩和折服的形象！若说奉献，这就是她为祖国作出的最大奉献。

袁和自知不久于人世的时候，在一盒录音带上，给自己的父母和亲人口述了她的遗言：“我很骄傲，因为一个普通的女子能够和癌症拼搏，向死神挑战……

“许多美国人对我说，这在美国是不可思议的。其实，中国人不都像他们想的那样，只会烧饭，或者卑躬屈膝。很多人一讲到中国，只讲中国人怎么受苦。是的，中国人受的苦是够多的，可以说是多灾多难。但是，中国人的勇气，中国人的力量，是和中国人的困苦同时存在的。只要我们大家共同努力，尤其是那些立志改变中国的人共同努力，中国总会强大起来。

“如果有人问我，在生命的终点，你还有什么希望？我便回答他：我希望有一天看到我们的民族能够好起来，不再被人家瞧不起，它能够胜过别的民族！那时，我才能真的闭上眼睛……”

袁和去了，在完成了一个人应该完成的使命后，她平静地去了……

心灵感悟

在痛苦的选择面前，谁都曾经犹豫过；在艰难的人生面前，谁都曾退缩过。然而不战胜懦弱，我们就不会找到光明；不战胜绝望，我们就不能获得新生。超越了自我，你就赢得了新的人生，赢得了另一个世界。

快乐的天使

多年来，这个小小的港口一直是航海者躲避大西洋汹涌波涛的最佳港口。1983年秋，这个港口吸引了一个新的来客，它就是海豚“飒爽”。

当渔夫们把拖网渔船驶向大海时，看到有只海豚一直在旁边跟着。在当地，有海豚相随是个吉兆，但海豚有时会被渔网缠住动弹不得，渔夫只好把海豚杀死，因为把死海豚从昂贵的大渔网除去，远比把拼命挣扎的海豚救出容易。这只海豚不但能避开渔网，还敢游进港口。“它会很快就离去的。”众渔夫想。

可是自此它每天早晚都出现，准确得像时钟。渔船在曙光中驶离码头时，那海豚总在船旁一面戏水，一面跟着船向前，到了海港的进口便返回。有时它每天会送多达数十艘渔船出港。

夕阳西下，渔船返航，海豚会飞快去迎接。它在渔船的旁边跟着游，直到渔船驶近码头，它才掉头游去迎接下一艘返航渔船。

后来有渔夫给它取名为“飒爽”，此后大家就这么叫它。

1984年春天一个下午，当地的电工约翰·欧康诺带12岁的女儿迪德莉去游泳，两人用水下呼吸管潜水。忽然间，迪德莉瞥到有只海豚在她下面仰泳，并且瞧着她。那海豚陪着她和她父亲，直至他们回到岸上。迪德莉惊讶得目瞪口呆，却也非常开心。

从此，在丁格尔岸外游泳和潜水的人便常常见到飒爽，而它对人也越来越感兴趣。两位潜水专家欧康诺和朗尼·费兹古本经常和飒爽一起游水，渐渐地，那海豚信任了它的人类玩伴，到了1986年，它更开始变得顽皮而爱与人亲热。“它会用嘴叼住我们的蛙鞋，或者用身体撞我们、捅我们，要我们替它抓痒。”欧康诺说。“它老是缠住你，有时真会烦得你生气。”

但是飒爽很快便证明它并非只懂胡闹。有一天，一个潜水员爬上充气橡皮艇时，不小心把面罩和水下呼吸管掉到水里去了。他向另一潜水员借了面罩和呼吸管，潜到水下去找。10分钟后，费兹吉本也下水去帮忙寻找。找了不久，他感到飒爽频频用鼻子捅他的肩膀。他以为飒爽要跟他玩耍，所以没有理会。

后来，他的眼角瞥到飒爽嘴里叼着什么东西。他转身一看，发现那海豚嘴里叼着的原来就是他朋友所丢失的面罩和呼吸管。飒爽迅速成为丁格尔港居民的最爱。为了见到它，当地人常常沿着海边一道长满草的悬崖步行，或者在节假日一家人坐汽艇去兜风。远在都柏林和伦敦的电视片摄制人员听说了飒爽的感人事迹，先后来到丁格尔。飒爽高兴地为他们表演。水下电视摄影机开动之后，生平第一次穿戴着水肺潜水装备的节目主持人紧张地坐在港口的水底。飒爽凝望着他的面罩，渐渐下降，最后把头轻轻枕在他的大腿上。

海豚飒爽越来越出名，慕名而来的人络绎不绝。多年以来，它一直对本地人和外来访客一视同仁，治愈他们心灵的创伤，启发他们，和他们成为朋友。

这些人当中有一个是来自英格兰巴斯市的希拉莉·泰勒。她的24岁儿子乔伊原是潜水专家，但8个月前为朋友打捞船锚时发生意外，不幸丧生。希拉莉来到丁格尔时，丧子之痛仍未减缓，她无所事事，惆怅万千。

有一天，希拉莉在日出前沿着飒爽时常出没的一片海滩前行，在狂风中抒发自己的悲痛。等到眼泪终于流干，她望向水面，大喊道：“我爱你！”

这时飒爽突然出现了，朝她游过来。离她大约3米时，它停住了，头冒出水面上。它响亮地呼了口气，把空气和水同时从喷水孔中喷出，随即不见。“它听到了我的话！”希拉莉心想。自从儿子丧生之后，她首次感到一丝喜悦。

其后一个星期，希拉莉每天都和飒爽一起游泳。飒爽显然很喜欢她，容许她抚摸它光滑的身躯。由于置身于水中能令人感到舒适，而那庞然大物又温柔体贴，友善的脸上永远挂着可爱笑容，渐渐地，希拉莉的心境开朗起来。

“我心灵的创伤能够痊愈，飒爽功劳不浅，”她现在说，“它给我爱，我接纳它的爱进入我心房，部分填补了我儿子之死在我心里造成的大洞。”

自1983年起，爱尔兰海军部驻丁格尔的控制军官弗兰纳雷几乎每天都密切观察飒爽。他怀疑这海豚以前是有人养的，或许来自英国某个海豚馆。“它显然本来就习惯与人类相处，”弗兰纳雷说，“每个月大约有18到20只海豚进入丁格尔港和飒爽嬉戏，一起进食，和它交配。然后那些海豚离去，它却留下。这证明了它不是一般的海豚。”

海豚孤身闯入浅水区域与人亲近的事例，在世界其他地方也曾发生过。然而飒爽在这个港口已连续生活了13年以上。英国科克大学学院鲸类动物研究员艾默·罗根说：“据我所知，这独往独来的‘友好’海豚已创造了海豚独自在同一地逗留最久的纪录。大多数这样的海豚都是只逗留几年便失踪，或者丧生。”

1989年，当局宣布要用炸药把丁格尔港炸深，当地人士都很为飒爽的安危担心。

欧康诺、费兹吉本二人和潜水会的其他会员向专家求教，专家说，爆炸所产生的冲击波可能破坏飒爽的声纳，使它因而无法生存。“我们必须保护飒爽。”欧康诺心想。这些潜水员获悉，冲击波虽能前进好几公里，却是直线行进的。他们根据这资料，制订了保护计划。

8月里一个早上，欧康诺、费兹吉本等多名潜水员驾驶汽艇出港，引诱飒爽同行。到了海港狭窄的进出口，他们向右绕过一处石岬角，然后停下。飒爽跳跃嬉戏，完全不知道欧康诺等人是想利用这里的石崖保护它，使它不会受到冲击波伤害。

“我们已把飒爽弄到这里了。”欧康诺用无线电通知岸上的人。然后，炸药引爆的时候，众潜水员纷纷跳下水去和飒爽玩耍，又搔它的肚子以分散它的注意力。欧康诺等人直至听到无线电传出“好啦，我们今天到此为止”，才离水回到艇上。这些人如此努力了3个星期。甚至国家电力公司也出力，担负燃料费和餐费。

今天，飒爽不但为丁格尔港的居民带来欢乐，也令许多来自世界各地的人欢欣鼓舞。在夏季，有时一天会有好几百名游客坐特别的观赏船去看它。英国诗人希斯考特·威廉斯下水和飒爽玩了一次之后，非常感动，特别写了一首诗描述当时的情况。印度作家维克拉姆·塞斯受委托为一出名叫《阿里安和海豚》的新歌剧撰写剧本，他于是专程去和飒爽游了一次水，结果得到莫大灵感。后来剧本完成，他写明是奉献给飒爽的。他还以同一名称写了一本儿童书。

不过，从飒爽那里得益最大的，是每年夏天和它一起游水的数十名生病或残障的儿童。前年的受益者之一是5岁的休吉·韩默顿。休吉患大脑性麻痹症，不能站立，走路必须用扶架。

休吉住在伦敦，每天都在家里接受物理治疗，躺在治疗床上让母亲为他活动四肢。这个黄发蓬乱的男孩常常沮丧得直哭。有一天，他母亲为了安抚他，对他说："不如假装你正在大海里和一只海豚一起游泳。"

休吉好奇心起，很快就安定下来，倾听母亲描述他怎样和一只友好的海豚在海中戏水。不久休吉就每天都和海豚一起"游泳"，而他母亲也不禁心想："要是带他去和一只真海豚游一次，会怎么样？"不久后，她听说了飒爽。于是，她带着儿子去了丁格尔港。儿子休吉俯身浮在水面，闭住呼吸，就像他在浴缸里练习过无数次那样。忽然间休吉的头定住了。原来海豚正在他下方徐徐浮升。有好几阵子休吉全身都浮在水面，眼睛朝下凝望着飒爽的眼睛。最后，休吉抬起头，又咳嗽又喷水，然而笑容灿烂。

"美妙，"休吉说，眼里闪着喜悦的光芒，"真是美妙。"两星期后回到家里，休吉集中注意力和自我放松的能力都大有改进。他母亲说："他自从和飒爽游泳之后，变得乐观开朗，也安静平和了。"

心灵感悟

没人知道为什么飒爽似乎能治疗人的心灵创伤，减轻人的哀痛。但飒爽体现了所有值得我们追求的东西：它喜悦、自由、有爱心——而且总是很快乐。它是上天恩赐给我们的快乐天使，用它如玫瑰一样绽放的笑容，让我们勇敢地面对生活的种种不幸。

生命试金石

著名的亚历山大图书馆在一次火灾中被毁，人们在废墟中发现了残存的一本书。可惜的是，这唯一幸免于火灾的书没有任何学术价值，于是，政府打算把这本书拍卖掉。大家都知道这本书没有任何价值，因此没有人打算买这本书。最终，一个穷学生以3个铜币的低价得到了这本书。这本书不但没有学术价值，连内容也枯燥无味。不过，那名穷学生在没有其他书可读的情况下，还是经常把这本书拿出来翻阅。翻到后来，书渐渐被翻破了，竟从书脊里掉出一张小纸条，上面写着试金石的秘密：试金石是能把任何金属变成纯金的一种小鹅卵石，它看起来和普通的鹅卵石一样，也是静静地躺在沙滩上；不过，一般的鹅卵石较冷，而试金石摸起来是温暖的。

当穷学生看到这个秘密后，欣喜若狂，他立即跑到大海边，开始认真地寻找试金石。穷学生满怀信心地挑选着那些鹅卵石，可是那些石头摸起来都是冰凉的。穷学生渐渐有些失望了，于是，他愤懑地把捡起来的每块凉凉的鹅卵石朝大海深处扔去。他就这样日复一日、年复一年地在海边扔鹅卵石，他的力气越来越大，而那些鹅卵石也被他扔得越来越远。就这样过了很多年。有一天，穷学生捡到了一块温暖的鹅卵石。然而，他已经形成了石头到手就扔的习惯，当他意识到那是块温暖的鹅卵石时，它已被他扔到了深海中。那块传说中的试金石就这样与他失之交臂，为此，他懊恼地潜到海底，寻找了许多天，但还是没有找到被他扔出去的那块试金石。

穷学生终于失望了，他一无所获地回到首都。当时城里正在举行建国百年庆典，国王一时开心，摆擂台寻找全国力气最大的人，冠军不但可以被封为伯爵，还可获得大量黄金和良田的赏赐。穷学生随着众人去看热闹，看来看去，都觉得那些人没有自己的力气大。于是他抱着好玩的心态，走上台去比试。结果，他打败了所有的对手，获得全国大力士冠军，得到了国王的赏赐。从此，穷学生变成了富裕而体面的伯爵。为了感谢那本给他带来好运的书，他决定把那本书重新装订并保存起来。当他拆开书脊以便重新装订时，却在书脊里发现了夹藏的另一张纸条，上面写着：世界上本没有真正的试金石，所谓的试金石不过是你对人生的态度；如果你只是一味地抱怨没有机会，那么，即使机会真的到了手边，你也把握不住。

心灵感悟

世界上不存在真正的试金石，但却存在一种“生命的试金石”，那就是一种积极向上的人生态度，以及锲而不舍的拼搏精神。谁拥有了这样的“试金石”，谁就能成为一块金光闪闪的金子。

花瓣枕

那时候的他和她，都已经过了激情浪漫的青葱岁月。是在一个户外野营的论坛上认识的，她第一次参加他们的行动，是到野外攀岩。没有想到天公不作美，中途突然下起了雨。那面攀岩的山壁，因为下雨，显得异常陡峭，老是刚爬上去几米，马上就又滑了下来。他看着她滑下来几次，有些狼狈，便劝道："不如，等雨下小一点再爬吧。"她却把头一昂，很坚定地回答："不!"

就是那一刻吧，他看到她眼睛里的倔强和坚持，竟是那样熟悉，而她瘦削的背影，让他心生疼惜。后来又一起参加过几次野游，他们在一起的时候，他话不多，只是出发前提醒她必要的装备，路滑的地方伸手拉她一把，吃饭的时候，她会把自己的饭端到他的帐篷里和他一起吃。

渐渐熟悉起来，无聊的时候给她打打电话，她有时候很活跃，从村上春树到西藏的佛经，笑得花枝乱颤；有时候却很安静，握着话筒不说话，他在这头听得到她翻书的声音，走路的声音，喝水的声音，还有她轻微的叹息。他握着话筒，手臂酸麻，却不舍得放下。

那时候，他们的城市里正在上演《情人结》，他邀了她一起去看。电影的结尾，那对经历千山万水、已经不再年轻的恋人，在情人节的那天相遇，男人说："我一直担心你会放弃……"女人说："不说，就是没有改变。"男人说："永远不说，就是永远没有改变。"黑暗中，他侧过脸去，看到她的脸颊上闪着莹莹的泪光。

后来有一次打电话，他无意中说自己一直偏头痛，很长时间了。每次发作的时候，都想拿头往墙上撞。隔天，下班的时候，他突然看见她正在门口等他，双手抱着一个枕头。看见他的时候，她突然紧张得像个孩子，红了脸，支支吾吾地说："里面是晒干的鲜花……以前一个朋友送的，每天枕着睡，可减轻疼痛的……我一直没机会用……"

他接过，摸着里面柔软的花瓣，心突然一暖。那天晚上，他辗转难眠，把那个枕头抱在怀里，又放在头下，一会儿又抱在怀里，她羞涩地笑容，一点点缠绕了他的心。

可是，缠绕了又怎样？他们都已经不再是可以无所顾忌的年龄，他已是有家的人，妻贤子乖；而她，亦有谈了五年的男朋友，婚期待定。他们在一起的时候，话题从阿尔卑斯山到艺术流派到天气心情，却独独不谈感情。其实那时候，他和妻子的感情已经冷漠，可是他不说，她便也不问。而她那些细密的心思，她不说，他也不问。

半年后，她和男友分手，去深圳工作。他去送她，他默默地站在角落里，静静地看着她和别人告别。最后，她朝他走过来，她的眼睛亮亮的，有淡淡的液体。她忽然伸出双臂，顽皮地偏偏头，笑道："要走了，来，抱一个。"是很轻松的口气，可是她抱住他的时候却是紧紧的……

一年后，他和妻子协议离婚，离婚后，他一个人生活，日子过得支离破碎。有一天，母亲来看他，顺便帮他拆洗被罩、床单、枕套。母亲拆开那个盛满鲜花的小枕头时，笑他："你往枕头里放纸条干吗？"他从电脑前转回头，母亲正从那一片桃花、槐花、木槿花中拿起一张纸条，轻声读道："'不说，就是没有改变；永远不说，就是永远没有改变……'这写的是什么啊？"

他整个人猛地从椅子上弹起来，从母亲手中接过纸条，上面正是她秀丽的笔迹。那一瞬间，他突然泪流满面，他想起来那句台词，这句话后面的话是：我们结婚吧。

心灵感悟

生活不是电影，所以太浪漫曲折的表白总是被忽略。

不必勉为其难争第一

我近期的头等大事，是致力于打消我3岁半的女儿奋勇争夺第一的念头。

有一天，从幼儿园接女儿，问她晚饭吃的是什么，她答非所问却充满自豪地告诉我："我第一名。"

黄昏的阳光照在她得意扬扬的小脸上，镀了一层金黄色。

费了半天劲，我总算闹明白，她的意思是说，她吃得最快，老师夸了她。结果我一路都在给她讲，吃好吃饱最重要，不用争第一名，和小朋友们差不多就行。

我着实担心这种争第一的教育，会从这类一粥一饭的小事上开始影响我的宝贝，渗透进她的价值观，最终影响她一生的幸福指数。

以做妈妈的对她使用筷子和勺的能力，以及日常吃饭速度的了解，我知道她百分之百没吃够，也肯定吃不好。果然，那天晚上，她很早就缠着我说饿了。

这个第一，是勉力“争”来的，超越了她的能力范围，代价是对她自己的损害。人生不是竞技体育，不需要“永远争第一”。

对绝大多数人而言，现实地说，简直是永远也争不来“第一”的——圈子稍稍拓开一点，就又有比你这儿强那儿强的了，哗啦啦一数一大串，谈何“第一”呢？

主流教育混同了进取心和争强好胜的概念。是的，有进取心的人生是一种积极的人生。但上进和争强好胜其实是有本质区别的。

上进是纵向的，是个人的、线上的比较。每往前走一点，每有一点长进，都可以让人对自己满意。“自我感觉良好”在汉语体系里永远含着些许贬义，但细想一下，这有什么不好吗？难道非得自我感觉很糟，才是美满的人生？我知道“幸福”的一种定义，就是“对自己满意”，这是一位很有阅历的大姐给出的，让人服气。

争强好胜，要点在“争胜”上，这决定了横向比较的方式。而“人比人，气死人”，那可是颠扑不破的真理啊！这种比较之下，永远都不会快乐。

我跟谁比都差不多，凭什么他就如何，我就不能如何？抑郁、焦虑、不满、愤愤不平乃至嫉恨等种种负面情绪均根植于此。

争强好胜，让人对自己的状态不满，而长期受困于对自己的不满意里，往往还导致对别人的不满意，好像别人哄抢了他的机会、他的资源，由此充满被掠夺感，受虐意识强烈。这种情绪恶性蔓延，会不可扼制地迁怒于人，致力于发掘别人的差劲儿、别人的不足，直至觉得全世界都欠自己的。

主流教育在这两个重要概念上的混淆，是很多不幸人生的开始。

一个很有智慧的忠告是，如果有一样东西，你踮踮脚尖就够着了，那就去够吧，这叫做努力，叫做进取；如果非要跳起来才能够到，就别费劲了，因为你努力着跳高，还是会落下来的，超出能力了，这叫勉为其难。那些咬牙切齿的攀升，用力过猛的向上，代价是对自己的损害，像我可怜的、没吃饱的小女儿。

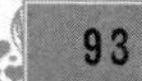

心灵感悟

几千年前，老子曾说过："知足常足，终身不辱；知止常止，终身不耻。"这告诉人们要调整好心态，看清楚自己的能力，任何时候都要把握好度，量力而行。只有把握好度，才能从容应对，快乐人生。否则，就会被内心的贪婪所控制，出现人心不足蛇吞象的后果。

生命需要什么

利奥·罗斯顿是美国最胖的好莱坞影星，他腰围1．87米，体重175公斤。1936年在英国演出时，因心肌衰竭被送进汤普森急救中心。抢救人员用了最好的药，动用了最先进的设备，仍没挽回他的生命。临终前，罗斯顿曾绝望地喃喃自语：你的身躯很庞大，但你的生命需要的仅仅是一颗心脏！

罗斯顿的这句话，深深触动了在场的哈登院长，为了表达对罗斯顿的敬意，同时也为了提醒体重超常的人，他让人把罗斯顿的遗言刻在了医院的大楼上。

1983年，一位叫默尔的美国人也因心肌衰竭住了进来，他是位石油大亨，两伊战争使他在美洲的10家公司陷入危机，为了摆脱困境，他不停地往来于欧亚美之间，最后旧病复发，不得不住进来。

他在汤普森医院包了一层楼，增设了五部电话和两部传真机。当时的《泰晤士报》是这样渲染的：汤普森——美洲的石油中心。

默尔的心脏手术很成功，他在这儿住了五个月就出院了，不过他没回美国。

苏格兰乡下有一栋别墅，是他10年前买下的，他在那儿住了下来。1988年，汤普森医院百年庆典，邀请他参加，记者问他为什么卖掉自己的公司，他指了指医院大楼上的那一行金字。

不知记者是否理解了他的意思，总之，在当时的媒体上没找到与此有关的报道，后来有人在默尔的一本传记中发现这么一句话：富裕和肥胖没什么两样，也不过是获得超过自己需要的东西罢了。

心灵感悟

人人都想要超过本身需要的东西，其实，我们应当知道，对健康的生命而言，任何多余的东西都是负担。

俄国农夫之死

俄罗斯帝国时代，有一个农奴出身的俄国人。他的体格很强健，又很努力工作，省吃俭用，所以很年轻的时候，就积存足够的钱为自己赎身。

从此以后，他租别人的田，继续努力耕作，不但更加省吃俭用，甚至除了睡眠之外难得休息，除非病得起不来，否则天天下田。

所以，到他壮年的时候，已经存够了积蓄，买到几亩良田，成为一个小小的地主。

他继续这样吃苦耐劳地生活着，到了晚年，他不但有十几顷的良田，甚至还可雇用农奴帮他耕作。可说已是衣食无缺，甚至丰盛有余。

一般人在他这个年纪早已赋闲在家，颐养天年。但是，他仍积极地在寻找增加财富的各种渠道。

有一天，他听说在南方靠近乌克兰的地方，有一大片黑油油的肥沃土地，地上长的麦子远比他田里的还粗大又饱满。这片一望无际的沃土属于一个偏远的部落，他们对金钱的交易了解很少，只要给族长一小袋黄金，他就把你一天脚程内所能围绕起来的整片土地都送你。

这个农夫盘算了一下，一袋黄金只不过是他十分之一的储蓄，但一天脚程可以围绕起来的土地，却是他既有土地的十几倍。更何况，那里的土地都远比他现有的土地肥沃啊!所以他就赶快带着一小袋黄金和一个最强壮的仆人，赶到那个部落去。

族长很热情地接待他，也证实了传闻中的土地交易方式，只多加了一句话：假如他日出时出发，而无法在日落时赶回到原点，他将一无所得，而那一袋黄金仍归族长所有。对他来讲，这个条件倒是很公平。所以他就把一袋黄金交给族长，并且挑了一块看起来最肥沃的土地，约定第二天天亮前在那里和族长碰面。

第二天一早他就起床吃了一顿丰盛的早餐，再叫仆人把昨晚准备好的

木桩、午餐和饮水一起背在背上，趁天亮前赶到约定的出发地点，发现族长已经和族里一群喜欢看热闹的人一起在等他了。当第一道晨曦的光芒进入他眼帘的时候，他就急急忙忙地带着强壮的仆人一起连走带跑地出发了。

昨夜他就已经盘算好了：一出发他就往北走，等太阳升起到40度仰角的时候，他就要左转往西走，在接近中午的时候他要停下来边吃午餐边休息一个小时左右，然后左转往南走，当太阳落到40度仰角的时候，他再左转面向东方走回到原点。这样，他就可以在这片肥沃的土地上围绕出一块方方正正的土地。

他和仆人边走边打木桩。但是，当他朝北走到应该要左转往西走的时候，却发现前面的土地更肥沃。于是他想："没有关系，我再往前走一段路，等一下再左转。反正我需要的是肥沃的土地，而不是方方正正的土地。"

可是越往前土地越肥沃，害得他一直朝着出发时往北的方向走下去，舍不得往左转，等他意识到已经快接近中午了，勉强狠心往左转。

到了中午的时候，他才往西方走没多远的路，如果照计划左转往南走，他的土地将会非常狭长。因此，他改变了原来的计划，继续往西走。

此外，他放弃了中午的休息，为了赶路而边走边吃。过了一段时间，他警觉到太阳已经快落到40度仰角的时候，他才焦急地想要左转往南走。可是算一算时间，如果这时候他才往南走，出发地点将在他的左方，他要到什么时候才能够再左转往出发点走呢？因为时间显然不够了，他只好放弃原来想拥有一块方正土地的期待，直接往出发点走过去，心里想着："一块三角形的土地总好过一无所有！"可是，他这个决定还是太晚了，眼见着太阳即将下山，他还看不到出发点。于是他焦急地奔跑起来，并催促着疲累的仆人把整袋木桩丢了来扶着他跑。他跑得又饥又渴，却不敢停下来喝水，等他都已经喘不过气来的时候，才看到远远山顶上有一群人在出发点上等他。可惜的是，夕阳的最后一道余晖已经没入地平线下。

他正伤心的时候，却发现出发点上的人又叫又跳，好像在鼓励他，为他打气。于是他想起来：出发点的地势比较高，所以还看得到夕阳。

于是，尽管他已经喘不过气来了，还是拼命催促仆人搀扶着他往前没命地冲刺，终于，在夕阳的最后一道余晖中，他到达了出发点的山头，累得趴在地上——却从此再也起不来了！

族长指挥着他的族人和这个农夫的仆人，就在山头上帮他挖了一个坟：六尺长、三尺宽、三尺深！

心灵感悟

贪得无厌是人类的一种本能。没有人能够遏止自己对财富的欲望。然而，人本身究竟需要多少财富？本故事的结局告诉我们的就是答案。

学会适应

莎拉·班哈特在她50年的演艺生涯中，一直保持着四大著名大剧院里独一无二的“皇后”地位——她是全世界观众最喜爱的女演员。

但在她老年时，日子就不那么尽如人意了。71岁那年，她破产了，更加可怕的是，她的腿必须被锯掉。这对于一个长期从事舞台表演的人来说，是个多么难以接受的事实。但现实又让她不得不那样做。因为她在横渡大西洋时，因遭遇暴风雨而摔倒在甲板上。她的腿有静脉炎、肌肉痉挛等症状，若不锯掉，必将影响整个身体。

当医生将这个不幸的消息告知莎拉时，素来脾气暴躁的她却平静地接受了。她沉默了一小会儿，然后从容地对医生说：“如果非得这样，我愿意接受手术。”她的这种反常态度倒把朋友们吓了一跳。可莎拉接着说：“这就是命运，这就是生活。在我无力反抗它时，还不如去好好地适应它。”

莎拉·班哈特在手术后继续环游世界。全球的观众为她又疯狂了7年。

心灵感悟

当我们在生活中遇到挫折时，必须学会适应。有一位哲人告诉我们：“挫折来，临时能挽回时就努力去挽回，无法挽回就欣然接受，勇敢面对。”我们每个人都应该这样对待生活。

火灾

胡志安在火灾中丧生了，是他妻子告诉了我这一消息。他妻子说她叫芸。我跟胡志安是初中同学，自他初三上学期被开除之后，我们就再也没

有联系过，算起来，已经是20年前的事了。这20年间，他走过了什么样的人生历程，找了个什么样的女人，是否养育了孩子，我一无所知。也就是说，在我的视野里，那个名叫胡志安的人，早已沉没于往昔的岁月之中。我没想到的是，他那双忧郁的眼睛还一直追随着我。这些年来，我走南闯北，就像一首歌里唱的：“为了超越这平凡的生活，注定暂时漂泊。”但胡志安完全了解我的行踪，还知道我现在的电话号码。临死之前，他对妻子说：“我死后，你给田文打个电话，把我救火的经历原原本本地告诉他。”

这经历一点也不复杂。胡志安在深圳某建筑工地打工，这天黄昏，他下班后骑单车走在回家途中，突然听见路边一家店铺里发出巨响，随后，接连不断的爆炸声伴着滚滚黑烟，火苗腾空而起，迅速蹿上二楼。二楼以上都是住家户。胡志安听见有人在报火警，同时看见二楼上一个矮小的老太婆在绝望地拍窗子。他扔了单车跑过去，抓住一根斜伸的树枝攀上阳台，用拳头砸烂了窗玻璃。跳进屋后，他才发现老太婆是坐在轮椅上的。餐桌上放着一壶凉水，胡志安脱下自己的外套，淋湿后往老人脸上一盖，抱起她就走。此时黑烟飞旋，什么也看不清，他瞎摸了好一阵才打开房门。走廊已被充斥着铁锈味的烈火吞没，他猫着腰抱着老人往外冲。老人安然无恙，而胡志安却被大面积烧伤，出大门的时候，又被一只掉落的花盆击中了头部。他被人送进了医院，十余天后死在病床上。

他为什么要特别嘱咐妻子将这件事告诉我呢？按照一般的猜测，是我以前跟他的关系很好吧。其实不是这样。我们同学两年多，而且住同一间大寝室，却从来没有过私下的交谈。他不仅跟我如此，跟别的同学也如此。他在我们班成绩最好，也最穷。即使大冬天，他也穿着缀满补丁的老蓝布单衣。穷使他自卑。他那颗圆滚滚的脑袋总是低着的，偶尔抬眼看人，目光里也充满畏怯和忧伤。我们学校在一座半岛上，校舍之外是广袤的田野。不知什么原因，学校跟周围农民的关系很不好。校方为了缓解这种关系，明文规定：学生践踏了庄稼，以十倍之价赔偿；偷了农民的瓜果，开除。胡志安就是偷了瓜果被开除的。那是一个星期二的中午，下了近半个月的雨，终于在这天停止，带着泥土香味的阳光遍洒在半岛上。仿佛为了庆贺这难得的好天气，学校杀了一头大肥猪（那时候学校自己喂猪），做成盐菜烧白肉卖给学生。蒸笼揭开，油腻腻的味道便在空气里浮荡，顷刻间灌满了整个校园。我们在食堂外的槐树底下排成长队，满口生津地向卖肉的窗口一步步靠近。可这时候，胡志安却在远离食堂的操场边转悠。他不仅没钱买肉，连饭钱也没有。他已经两顿没吃饭了，他饿。无孔不入的肉味加重了他的饥饿感。他终于从围墙溜出去，偷了农民的两根黄瓜。

他当场就被逮住了……

有消息说，星期五就招开师生大会，宣布开除胡志安的决定。他的学生生涯还有不到三天。

星期三那天深夜，我被噩梦惊醒，听见胡志安捂在被子里说梦话："爸呀!爸!……"他爸给他送钱来的时候我见到过，那是一个身体瘦弱的男人，脸黑褐色，手上疮口累累，从远处看去，他仿佛土地上一块活着的伤疤，这块活着的伤疤之所以愿意承受一切苦难，就是为了儿子将来有出息……

胡志安见到谁都是一副想哭的样子，但班上没有谁理会他。大家都看不起他。

星期四，我们刚吃过午饭，校园里突然想起急促的铃声。铃声过后，校长在广播里大声喊叫"岛上起火了，全体男生带着盆子去救火!"

我们呼啸而出。校长让我们去救火，是希望跟半岛人缓和关系。火灾现场离学校并不远，出校门后，穿过十余道田埂就到了。已有好些农民围在那里，都是笑嘻嘻地观望!原来，被烧的是数十年前修的一个公猪圈，离最近的农产也有上百米。公猪圈早就结束了它的历史使命，加上风吹日晒，雨淋虫叮，木料也已成废物，谁还去在乎它啊。见农民自己都不救火，跑来的老师和学生也就站着看热闹了。

正在这时候，胡志安冲了过来。他灵巧得像大山里的猴子，迅捷攀上椽木拆火路。木料都是干透的，火路跑得比风还快。不到十分钟，房屋就彻底垮塌了。胡志安随梁柱一起倒入火堆。在一片惊呼之中，他跑了出来。他的脸像刚出井的煤矿工人，手上到处都是被火舌舔出的血泡，腿肚还被铁钉扎了一个洞。

我们都以为这是上天给了胡志安一个将功补过的机会。那天上晚自习课，胡志安扎着绷带进了教室，但班主任告诉他说："你不必来了。"那口气，绝不是因为怜惜他受了伤，而是另有含义。这一点大家都听出来了，胡志安也听出来了。看着他那绝望的眼神，我的心痛了一下。我大声对班主任说："胡志安见义勇为，难道就……"班主任严肃地瞪了我一眼。次日的大会照开不误。开会之前，黄瓜的主人不知从哪里得到消息，跑到学校来为胡志安求情。校方感谢她的通情达理，同时表示，胡志安触犯了纪律，就要依律处罚，否则，怎么能培养出有用之才?至于他救火，学校并不承认那是见义勇为：抢救没有价值的东西，义从何来？就这样，胡志安在星期六早上，背着铺盖卷，带着满身的伤痕，凄惶而孤单地走了……

芸说："你知道志安为什么让我打电话给你吗？"

我说："知道。他是想让我明白，虽然上次救火没能拯救自己的命运，但再次遇到火灾的时候，他并没有袖手旁观。他的灵魂没垮。"

芸抽泣起来了："对，你说得对，志安就是你说的那种人……但他还有件事情让我告诉你。"芸停顿了许久，说，"半岛上的那次火，是他故意放的，他想制造一个机会，让自己好好表现，让学校保住他的学籍……他失败了，他说这是自己罪有应得……为这件事，他愧悔了20年，特别是觉得对不起你的信任……这次他终于赎罪了，他救出了一个老人……"

芸放声大哭。

心灵感悟

在物质缺乏的年代，我们每个人都有可能犯主人公那样的错误。为了免除被开除的处罚，为了对得起含辛茹苦的父亲，"他"自己放火烧废猪圈，然后奋不顾身地救火，以求将功赎罪。但最后还是给学校开除了，这是命运向他开了个天大的玩笑。20年后，又是一次火灾，他没有计较20年前发生的事，亡命地救人，为的是什么？为的是尊重别人的信任，对得起自己的灵魂。

我们谁都有做错事的时候，对于所犯的错误，为了得到别人的谅解，而编织种种借口；有些人有承认错误的勇气，尊重别人的信任，拯救自己的灵魂。胡志安不是一个可以用一个词就可以概括的人，他为了挽回所犯的错误，曾经一错再错，对于自己曾经犯的错误，他曾经不敢承认；他也是对自己心灵负责的人，以前的错事一再煎熬他的灵魂，他始终想寻找一个机会赎罪。

这篇文章，让我们看到了一个受困于往事的焦灼的灵魂，看到了一种赎罪后的解脱。

第三篇

留在正确的轨道上

别让美丽错过

台上那盆昙花早已冒出了小小的花苞，于是我留心期待着一个花开的夜晚，每回浇花的时候都叮咛自己千万可别错过了。

但是一忙起来竟然真的错过了!待到第二天清晨倏地想起，急急推门出户，那已经绽放过的花朵，一如垂头敛翼的凤凰，倦然冷冷的不见一丝神采。想昨夜留它独自在漆黑的露台上，凄清寂寞地灿灿烂烂，我心中涌现满满的痛惜与歉疚——我岂止错过，分明是辜负了!

然而这还是无心，有时候错过简直是有意的。在黄山度蜜月的时候，我们住在山上的一个院落里，直潭在右，弯潭在左，中间一大片谷地，开门俯视，清溪如带，蜿蜿蜒蜒地流下碧潭。四周峰峦起伏，天晴时层层数去，可见青山九重。有回清早，他在阳台喊："快起来看云，那些云排着队出谷了!"

我充耳不闻，仍旧赖在被窝里，心想，今天不看，明天可看；明天要是看不到，还有后天。反正那云就在门外，还怕看不到吗？

经不住他救火般的吆喝，我只好懒洋洋地爬起来。啊!真真好一幅白云出岫!

他却摇头叹息：

"你已错过了它最美的时候了!

美好的事物总是无常，包括成功的机遇和命运的垂青。我们平凡的一生里，能堪几次错过？我们为自己错过了而叹惋，可是，还有多少回是错过了犹自懵然无觉的呢？

心灵感悟

人生中，我们谁都曾经无数次错过，也许错过了可以伴自己走过一生的知心爱人，也许错过了可以让自己飞黄腾达的难得时机，然而错过便错过了，失去的既然已不能找回，何不好好珍惜现在呢。

假如给我三天光明

我们谁都知道自己难免一死。但是这一天的到来，似乎遥遥无期。当然人们要是健康无恙，谁又会想到它，谁又会整日惦记着它。于是便饱食终日，无所事事。

有时我想，要是人们把活着的每一天都看做是生命的最后一天该有多好啊!这就能更能显出生命的价值。如果认为岁月还相当漫长，我们的每一天就不会过得那样有意义、有朝气，我们对生活就不会总是充满热情。

我们对待生命如此怠倦，在对待自己的各种天赋及使用自己的器官上又何尝不是如此?只有那些失明了的人才更加珍惜光明。那些成年后失明、失聪的人就更是如此。然而，那些耳聪目明的正常人却从来不好好地去利用他们的这些天赋。他们视而不见，充耳不闻，无任何鉴赏之心。事情往往就是这样，一旦失去了的东西，人们才会留恋它，人得了病才想到健康的幸福。

我有过这样的想法，如果让每一个人在他成年后的某个阶段瞎上几天，聋上几天该有多好。黑暗将使他们更加珍惜光明；寂静将教会他们真正领略喧哗的欢乐。

最近一位朋友来看我，他刚从林中散步回来。我问他看到些什么，他说没什么特别的东西。要不是我早习惯了这样的回答，我真会大吃一惊。我终于领会到了这样一个道理，明眼人往往熟视无睹。

我多么渴望看看这世上的一切，如果说我凭我的触觉能得到如此大的乐趣，那么能让我亲眼目睹一下该有多好。奇怪的是明眼人对这一切却如此淡漠!那点缀世界的五彩缤纷和千姿百态在他们看来是那么的平庸。也许人就是这样，有了的东西不知道欣赏，没有的东西又一味追求。在明眼人的世上，视力这种天赋不过增添一点方便罢了，并没有赋予他们的生活更多的意义。

假如我是一位大学校长，我要设一门必修课程，“如何使用你的眼睛”。教授应该让他的学生知道，看清他们面前一闪而过的东西会给他们的生活带来多大的乐趣，从而唤醒人们那麻木、呆滞的心灵。

请你思考一下这个问题：假如你只有三天的光明，你将如何使用你的眼睛？想到三天以后，太阳再也不会在你的眼前升起，你又将如何度过那宝贵的三日？你又会让你的眼睛停留在何处？

心灵感悟

长着一双清澈眼睛的人，也许无法体会到光明对盲人是何等的珍贵。而失明之后的人对光明的渴望与珍惜，足以震撼每个正常的人。善待今天的生活吧，因为失去了才知道它有多么重要，多么宝贵。

细微的力量

哲学上有一种理论叫“秃头论证”：一个人头上掉了一根头发，他根本没注意；掉了两根头发，他一点儿不担心；掉了三根，他也无所谓；几年以后，这个人变成了秃头。

社会研究学里出有一个“稻草理论”：往一只牦牛背上放上一根草，牦牛没有反应；再加上一根草，牦牛还是没有感觉；再加一根，牦牛动也不动；最后，牦牛身上有很多草了，再加一根，牦牛居然一下趴倒在地上——它被压垮了。

生物学上也有一个类似的“蚂蚁效应”：有一窝蚂蚁在一株老树下筑巢，蚂蚁每天都搬走一点点泥土，啃掉一点点树皮，直到有一天，一阵轻风吹来，这棵百年老树居然轰然倒下了。

掉一根头发，加一根稻草，啃一点树皮对于人、牛、树来讲，都是微不足道的变化，根本不足以让他们引起重视。但是，当这个数量累积到一定程度的时候，就会发生本质上的变化，不可预料的后果就可能在一瞬间发生。这就是上面这三个理论给我们的启示：量的积累会引起质的飞跃。

我们可以以此类推：树一棵一棵地被砍掉了，青山变成了不毛之地；日子一天一天地虚度了，我们这一生一事无成；战争一个接一个地出现了，人类辛苦创造的文明成为了灰烬……我们必须承认，这些事情确实可能出现。只不过，我们不知道它们要经过多长的时间才会发生。但不管经过多久，哪怕是千年万年，那也不过是历史长河中的一瞬。而它们一旦发生，就会带来翻天覆地的变化。

这些理论是放之四海而皆准的真理。一个人，每天坚持存很少的钱，最后他成为一个富翁；一个人每天坚持读一页书，最后他将成为远近闻名的学者；一代一代的人经过努力，最后使这个国家变得繁荣富强——星星之火，可以燎原。不要去轻视任何细微的力量，要知道，再强大的力量，也是由这些细微的力量组成的。一步一步地走，我们可以征服最高的山峰；一天一天地奋斗，我们可以成就伟大的事业；一点一点地克服，我们可以超越一切困难。实际上，我们能够达成我们所有的愿望，只要我们牢记一点：坚持就是胜利。

心灵感悟

很多人在设立人生目标时，都觉得离现在那么的遥远，并很难实现，不懂一点一点地积累和一点一点地靠近的道理。我们实现目标的过程就如同“九层之台，起于垒土；千里之行，始于足下”。任何艰难的事情，我们都不应该把它看做是不可能实现的，只要我们不放松地追求，坚持下去，我们就一定能够创造出奇迹来。

从好处着眼

古时候，有一位声名远扬的国王。他的王国不但幅员辽阔，而且人丁兴旺，人民安居乐业。人们都说这不仅是因为国王本人治国有方，还因为他有一个非常聪明的大臣。国王十分信任他这位充满智慧的大臣。这位大臣有一句广为流传的口头禅，那就是：“很好，这件事是有好处的！”

一天，国王在自己的后花园舞剑时，一不小心割断了自己的小手指。当智慧大臣闻讯赶到宫里时，一群医师正忙着给国王包扎鲜血淋漓的左手，其余的大臣们则惊慌失措地垂手而立，噤若寒蝉。智慧大臣却神闲气定地笑着安慰国王说：“很好，这件事是有好处的。”

国王的伤口正疼得厉害，一听这话，十分恼火。他厉声喝道：“我都失去一根手指了，你还有心在此幸灾乐祸！”于是，国王当即下令，将智慧大臣关进了监牢。

几个月后，国王带着几位心腹大臣去森林里打猎。他们一路追鹿逐兔，玩得兴高采烈。后来，在他们前面不远处出现了一群漂亮的羚羊，于是，国王与众大臣争相驰逐，不知不觉间竟穿越了国界，闯进了森林深处食人族的领地。

食人族见他们一个个衣着光鲜，面色红润，认为是奉神的最好祭品。于是，便将他们全都活捉了起来，准备用来祭祀。在祭坛上，巫师突然发现国王少了一根小手指。根据食人族的规矩，以肢体不健全的人做祭品是会触怒众神的。于是，巫师慌忙跑到酋长身边，跟酋长耳语了几句。酋长顿时大怒，命人将国王赶了出去。而随国王出猎的几位大臣则无一幸免地被推上了食人族的祭坛。

死里逃生的国王回到王宫后，依然惊魂未定。这时，他想起了当初他被割断手指时，智慧大臣所说的话。细细思量，觉得颇有道理。于是，他连忙派人把智慧大臣从监牢里释放出来，并设宴为智慧大臣压惊。在宴席上，国王就智慧大臣这几个月所受的冤狱之苦一再向他致歉。

智慧大臣听了，不以为然，他一如既往地微微一笑，不紧不慢地对国王说："很好，这件事是有好处的。"

国王迷惑不解地问："当我少了小手指时，你说这是有好处的，我现在对此已经不再怀疑了。但是，我将你关进监牢，让你吃了很多苦头，难道这对你也有什么好处吗？"

智慧大臣笑着点头："当然有好处！国王，您想想看，如果当初我没有被关进监牢，就一定会陪您去打猎，那么，我是不是也会像那几位不幸的大臣一样，被推上食人族的祭坛呢？"

心灵感悟

世上所有的事情都具有两面性，正所谓"祸兮福之所倚，福兮祸之所伏"，其中好与坏、善与恶、福与祸之间的区别，全在于我们的一念之间。不管我们遇到什么打击，处于什么不如人意的境地，只要我们凡事多想想其中好的方面，保持一种积极的处世态度，就可以绝处逢生，从而跨越生命的低潮。

从囚徒到明星

一个名叫R·热佛尔的黑人青年，他在很差的环境——底特律的贫民区里长大。他的童年缺乏爱抚和指导，跟别的坏孩子学会了逃学、破坏财物和吸毒。

他刚满12岁就因为抢劫一家商店被逮捕了；15岁时因为企图撬开办公室里的保险箱再次被捕；后来，又因为参与对邻近的一家酒吧的武装打劫，他作为成年犯被第三次送入监狱。

一天，监狱里一个年老的无期徒刑犯看到他在打垒球，便对他说："你是有能力的，你有机会做些你自己的事，不要自暴自弃！"

年轻人反复思索老囚犯的这席话，作出了决定。虽然他还在监狱里，但他突然意识到他具有一个囚犯能拥有的最大自由：他能够选择出狱之后干什么；他能够选择不再成为恶棍；他能够选择重新做人，当一个垒球手。

5年后，这个年轻人成了全明星赛中底特律老虎队的队员。底特律垒球队当时的领队B·马丁在友谊比赛时访问过监狱，由于他的努力使R·热佛尔假释出狱。

不到一年，R·热佛尔就成了垒球队的主力队员。

这个青年人尽管曾陷于生活的最底层，尽管曾是被关进监狱的囚犯，然而，他认识到了真正的自由，这种自由是我们人人都有的，它存在于自由选择的绝对权力之中。我们所有的人都有这种权力。

R·热佛尔也可以推脱说："现在我在监狱里，我无法选择，我能选择什么呢？"但他说的是："我能够做出决定。"

这种自由选择的权力是你作为自己生活的总统所拥有的最有力的工具。这种权力是区别人和动物以及其他存在物的特征。

世界上许多人说无法选择，就不存在什么个性自由。他们认为决定人行为的只是机遇。这种说法是比较偏激的。国际著名的精神病学家V·富兰克在第二次世界大战时曾被关进德国集中营。他研究了自己的思想，还与别人交谈。

以后，他得出结论说："只有一种东西是不可剥夺的：那就是人类的自由——在任何情况下选择自己态度的自由——选择自己独特的行为方式的自由。”

因此，我们看到自己有选择权。我们能够选择，大多数人的问题是不想选择，因为我们一旦做出选择，便要承担责任。正因为如此，有些人一碰到自己作出的决定是错误的时候就去责备别人，或者推诿拖拉再也不肯做出决策了。

然而，为了谋取生活的成功，我们必须作出自己独立的选择。我们必须运用自己自由选择的权力。作为自己生活的总统，你每天、每个小时都可作出自由的选择。

你必须作出选择：

你可以轻视自己，也可以诚实地对待自己；

你可以觉得自己是人微言轻的无名之辈，也可以心灵充实；

你可以办事拖拉，也可以马上就做；

可以整天自寻烦恼、牢骚满腹，也可以心平气和地应付一切；

你可以遵循箴言来生活，也可以按照别的生活原则生活；

你可以对生活悲观失望以至逃避，也可以充满信心地投入行动；

处世为人你可以选择善良，也可以选择罪恶；

你可以毁坏一切，也可以奋起建设新生活；

你可以成为你理想中的人，也可以满足现状停步不前；

你可以忠于职守，也可以逃避责任。

有关这一切的选择权都在你身上。

因为你是你生活的主宰。

心灵感悟

走过的人生，留下的遗憾也许无法弥补，洒落的痛苦却久久难忘。好在前面的路还很漫长，我们可以重新选择，从头再来。只要你是自己生命的主人，你就能真正主宰未来的人生。

推销信赖

这是他来人才交流市场转悠的第4天上午。前3天他拜访过15个“柜台”。现在，他拎着塑料袋向第16家用人单位走去——

“这是我的大专学历证书。我原先的单位倒闭了，我有6年的相关工作经验。”他说。他对面坐着一家大型企业的人事部门主管。主管有些迷惑地望着他，想说什么，又没开口。他笑了笑，继续说：“刚才只是向您介绍一下我的基本能力，但我还有一个更重要的品质希望得到您的关注！”

主管愣了一下。显然，连日面对川流不息的求职大学生，他已经疲惫不堪了，但眼前这个人似乎有些特别。主管点点头：“什么品质？”

他说：“我是一个值得信赖的人！”

主管笑了，显然，他觉察到一些“新意”：“何以证明？”

他说：“1998年9月15日，我以单位会计身份去银行取公款，出纳员工作失误，多付我3700元；一小时后，我发现此事，立即回去将这笔钱退还了。银行写来表扬信，单位通报表彰了我——这是当时的文件。”

王管随手翻翻，抬眼：“就这个吗？”

“还有，”他说，“1999年8月3日深夜，我的同事王某某的爱人临产。当时王某某腿伤未愈，打电话请求我帮他送爱人上医院。我立即找车、抬人，很快将他和爱人安排妥当。第二天上午，我又用自己的钱为他们垫付各项费用。直到他的亲人们赶来照料，我才回去休息。值得一提的是，王某某现在是贵企业某部门职员，可以证明。”

主管微笑着点点头，没说话，似乎在等着听第三件“光辉事迹”。

他继续说：“2000年12月9日下午，我在农贸市场见到几个歹徒殴打一个卖菜的中年人，当时围观者很多，只有我上前制止，结果被那伙歹徒将胳膊打伤……这是翌日晚报刊登的报道，有我的照片。你看，这有当时留下的伤痕。”

主管这时才露出一丝感动，他凝神片刻，忽然问：“那么，你的这种自我宣扬……”他接口道：“主管先生，我知道，这样的事由自己嘴巴说出来，就贬值大半了；但是，你也知道，面对这些年轻的甚至高学历的大学毕业生，我这个36岁的失业者没有任何优势，我只是为了生存才说这些，我希望自己能好好地生活下去，至少，有我存在，这个社会就多了一个值得信赖的人。”

这个“自我宣扬”的人是我的同学老冬，当时，我就陪在他身边。至今，我仍常常感慨：这个世上，多数人推销的是“价格”，而将无价的信赖用于推销，却很少。也许，多数人缺少这种无价之宝？

最后，我要告诉你：“推销信赖”的第6天，老冬就上岗了。

心灵感悟

推销信赖，这个举动值不值得信赖呢？最终这个人真的上岗了。其实，证明他自己的并非是那些报纸和表扬信，而是他推陈出新的真诚，真诚无敌。

把木梳卖给和尚

有一家效益相当好的大公司，决定进一步扩大经营规模，高薪招聘营销人员。广告一打出来，报名者云集。

面对众多应聘者，大公司招聘工作的负责人说："相马不如赛马。为了能选拔出高素质的营销人员，我们出了一道实践性的试题：就是想办法把木梳尽量多地卖给和尚。"

绝大多数应聘者对此感到困惑不解，甚至愤怒：出家人剃度为僧，要木梳有何用？岂不显神经错乱，拿人开涮？没过一会儿，应聘者接连拂袖而去，几乎散尽。最后只剩下三个应聘者：小伊、小石和小钱。

大公司招聘工作的负责人对剩下的这三个应聘者交代："以10日为限，届时请各位将销售成果报给我。"

10日期到。

负责人问小伊："卖出多少？"答："一把。""怎么卖的？"小伊讲述了历尽的辛苦，以及受到众和尚的责骂和追打的委屈。好在下山途中遇到一个小和尚一边晒太阳，一边使劲挠着又脏又厚的头皮。小伊灵机一动，赶忙递上了木梳，小和尚用后满心喜欢，于是买下一把。

负责人又问小石："卖出多少？"答："10把。""怎么卖的？"小石说他去了一座名山古寺。由于山高风大，进香者的头发都被吹乱了。小石找到了寺院的住持说："蓬头垢面是对佛的不敬。应在每座庙的香案前放把木梳，供善男信女梳理鬓发。"住持便采纳了小石的建议，那山共有10座庙，于是买下了10把木梳。

负责人问小钱："卖出多少？"答："1000把。"负责人惊问："怎么卖的？"小钱说他到一个颇具盛名、香火极旺的深山宝刹，朝圣者如云，施主络绎不绝。

小钱对住持说："凡来进香朝拜者，多有一颗虔诚之心，宝刹应有所回赠，以做纪念，保佑其平安吉祥，鼓励其多做善事。我有一批木梳，您的书法超群，可先刻上'积善梳'三个字，然后便可做赠品。"

住持大喜，立即买下了1000把木梳，并请小钱小住几天，共同出席了首次赠送"积善梳"的仪式。得到"积善梳"的施主与香客，很是高兴，一传十,十传百，朝圣者更多，香火也更旺。这还不算完，好戏跟在后头。住持希望小钱再多卖一些不同档次的木梳，以便分层次地赠给各种类型的施主与香客。

在看起来没有市场的地方挖掘市场潜力，充分利用你的头脑，找出卖方与买方之间的最佳结合点，这是营销人员应有的最重要的职业素质。三人最终都被录用，营销"奇才"小钱自然不在话下，小石相形之下不算"奇才"但对营销之道还是有着自己的深刻领悟，小伊虽然只卖出了一把，但念其知难而上的勇气和关键时刻的灵机一动，公司还是决定录用他。当然，三人在公司的位置会有所不同。

心灵感悟

奇思妙想来自稀世怪招，如此新鲜的招聘方式激活了人的创新潜能。这里的潜能有两步：第一，不惧怕矛盾；第二，把矛盾化解于无形，并尽量将这个矛盾转化的效率提高。

半截牙签的温暖

出生于湖南平江的女孩李艳红长得胖，皮肤黑，她的左侧脖颈处还生着榆钱大的褐斑。小时候，背地里有人喊她结巴，因为，她一说话就低头，吞吞吐吐。这不是天生的，是她胆子小又自卑造成的。

她父亲是部队的工程兵，参加了特区初期的建设。父亲退伍后留在了深圳，她和母亲、弟弟也随迁到了深圳。在特区，她家属于挺穷的那一小拨。父亲白天在公交公司上班，晚上帮着妻子在街口夜市卖油炸臭豆腐。

高中毕业后，她没能考上大学。她没去复读：一是因为家里的经济条件不

允许，她还有个弟弟正读初中；二是她断定自己即便复读也没希望考上大学。

她找不到工作，严格说，是她根本不曾用到哪怕七分的努力去找工作。每每用人单位向她提问，她还没回答就吓得低头，然后扭头逃之夭夭。闲着的日子在母亲的一再坚持下，她晚上帮助母亲去夜市卖臭豆腐。她从不主动开口张罗生意，笨手笨脚的，有次还撞倒了煤炉边的一桶油。还恰恰是她忘了盖上瓶盖的一桶油。油在地上乱流一气的时候，母亲心疼不已又怒气冲冲地骂她："你这个废物，什么事也干不了，你死回家去吧！"

她真的捂住脸跑回家了。躺在床上，她哭了又哭，眼泪哭干后，开始胡思乱想。她想好了，她要好好洗个澡，穿上最漂亮的衣服，然后在脖子上捆根绳子，一了百了。

一切准备妥当，有人敲她的房门，有人喊她的名字。是父亲。

父亲看着她红肿的眼睛，安慰她："我批评你妈妈了，她说以后再不会骂你废物了……"

本来干涸的眼睛又涌出泪来了，她抽泣着说："我本来就是废物。"

父亲无言，在找不到更好的话来安慰她时，地上的半截牙签，让他眼前一亮。"孩子，你瞧这是什么？"父亲将半截牙签递到她的眼前。她知道那是牙签，断了，头尾都钝了，百无一用成了垃圾。

父亲见她没吱声，问："你冷不冷？"

这是夏末秋初的季节，天一点都不冷，可她觉得自己像掉在冰窟窿里。

父亲掏出裤兜里的打火机，点燃那半截牙签。父亲将弱小的昏黄的火焰送到了她的手边，她微微移动了自己的手……

"别小看这短小的、被践踏得脏兮兮的半截牙签，只要将它点燃，它仍能发出光和热，能温暖我们……孩子，世上没有废物，只要使用得当，不论什么东西总能派上或大或小的用场，总有某方面的价值显现出来。何况，我们是人，而不是百无一用的废物。"父亲递给她一本剪报，说："这是爸爸近些日子从报纸上剪下来的，你看看，或许对你有点益处。"

她随意翻看着剪贴本，一个女大学生放弃白领工作转而去捡卖废品的报道，使她为之一振。她跑去废品回收站刺探了一下"情报"，然后鼓起勇气干起了收购废报纸的营生。她向众多住宅小区的信箱里塞传单，声称高价收购废报纸。她打听得很清楚了：上门收购废报纸的人给出的价钱是3角一斤，和其他废纸价钱不相上下；而废品站回收废报纸是6角一斤，造纸厂收购废报纸是8角一斤，惠州的砖瓦厂收购废报纸是1元一斤（烧窑的用于封窑门）……

她的电话从此响个不停，越来越多的人将报纸积攒下来，以5角一斤的“高价”卖给她。接下来的发展出乎意料，她很快成了“报纸回收大王”，她很快成为众多造纸厂的“座上宾”，她很快展现出美丽自信的风姿……

现在，她就坐在我的眼前，用极其平静的语气讲述发生在她身上的故事。她真的很平静，好似曾经抬不起头来面对生活，曾经让自杀的念头占据脑海的不堪往事，与她毫无关系，而是她欣赏过的淡淡的水彩画图景。

但是，我在李艳红宽阔明亮的总经理办公室的墙上，看到了一幅浮雕玻璃的巨大照片。照片上，一个老人侧身，微笑，右手捏着半截牙签。她向我介绍：“这是我的父亲……”我清楚了。作为业已成功的人士，李艳红拥有了足够的淡然、平静、从容，可她的心底，始终不会忘记，是父亲，用半截牙签的温暖唤醒她，激励她：世上没有绝对的废物，只要找到勇敢出击的突破口，谁都是可用之材。

心灵感悟

生命中没有绝对的失败，却有无限可能的成功，前提是你不能自暴自弃。

最会挣钱的作家

赫伯特·乔治·韦尔斯的稿费收入十分高，每年至少有100万元。可是，他原本是个穷孩子，父亲曾是职业曲棍球员，也曾开设过一家小规模的瓦器店，不过生意并不好。他就诞生在那家小店的内室里。这间内室是寝室，又兼做厨房，不但狭小，而且又污秽又黑暗，只有从墙壁的漏缝里可以照射进一点亮光。最使韦尔斯不能忘记的是，童年时从这些漏缝里看到的许多来往人们的腿。许多年后，他以他所观察到的腿部为题材，写了一篇有趣味性的文章。他认为从一个人穿什么鞋子，可以断定他是怎样的一个人。

韦尔斯幼年时期的潦倒生活，始于家里那间小瓦器店倒闭的那年，为了生活，他的母亲不得不在一个富商家里当看门人，和其他仆人们住在一起，韦尔斯经常去探望母亲，这使他得以看清英国上层社会的本质，也体

会到下层社会的生活艰辛。

这位《未来世界》的作者，13岁时就踏入社会。起初在一家杂货店里做伙计，每天早晨5点起来，先得把店铺打扫干净，并把炉火生着，他一天要工作14小时，几乎没有空闲时间。他一开始就认为这是一种贱役，强烈地鄙视这种生活。一个月后，经理把他辞退了，理由是不修边幅，对顾客缺乏热情。他愤愤不平地离开了这家杂货店，唯一值得庆幸的是这下用不着自己辞职了。接着，他进了一家药店，仍然干些杂务，但一个月后又被辞退了，连辞退的理由也没有向他说。然后，他又找到了另一家杂货店的工作。这一次，他体会到生活问题的严重，不敢随意任性，只好硬着头皮干了下去。但他总趁着无人防备的时候偷偷地躲到地窖里，阅读他所心爱的赫伯脱·史本塞的作品。

韦尔斯就这样忍耐了两年，终于忍无可忍了。于是在一个早晨，他没有吃早餐就溜了出来，空着肚子走了15公里回到家里，见到了他的母亲。他抱着母亲的腿号啕大哭，同时宣布：如果再强迫他回去工作，他就自杀！

韦尔斯偷偷地给以前的教师写了一封凄怆动人的长信，倾吐他目前的境遇，并告诉他自己想自杀。这封信深深地打动了那位教师的心，他回了一封信，请他去担任教员。这是韦尔斯一生的第二个大转机。

不过幼年时期在杂货店的工作，也并非全都是没有意义的。韦尔斯向来懒惰，经过在杂货店两年多的锻炼，他终于变得勤快多了。

在韦尔斯成为教师之后，又遭逢到一次突如其来的危险，事情是这样的：他担任一场足球比赛的裁判员，当比赛进入白热化时，他突然被一名球员撞倒，接着又被后来跑上来的球员当胸踩过，他的肺部和肾部因此受了重伤，一度奄奄一息。许多名医为此束手，他只好听天由命。但他竟然侥幸逃过一劫，成了一个半残废的人，并且过了12年恐怖无助的日子。就是这12年的痛苦生活，反倒使他成为举世闻名的作家。

在这12年内，他曾有5年疯狂地不断写作，可是，他写的东西实在太平凡无味了，他自己也明白，所以毅然地将它们全部付之一炬。

虽然他已半残废了，但是又另外获得了一个教职，这使他的生活稍微宽裕一些。在生物班里有一个美丽的女学生，韦尔斯对她一见钟情，这个女孩子和韦尔斯一样的娇弱。这段美丽的师生恋结出了丰硕的果实，他们终于结了婚，很愉快地生活在一起。

韦尔斯自从被球员踏伤，并侥幸地逃过了一死后，开始发愤图强起

来。他每年都有长篇巨著脱稿。这些著作终于发出绚烂的光芒，照遍了世界每一个角落。

他写作的地点不定，或在伦敦办公处，或在车上，或在一望无际、白浪滚滚的地中海畔。总之，他随时随地都可以写。在法国，他租用了两幢别墅，一幢作写稿之用，另一幢作会客之用。他仅在晚间会客，因为白天要专心工作。

磨难可以强化人们的意志。大多数人总是希望一生顺利，然而这种顺利绝非好事，如果没有经过磨难的考验，我们只会庸庸碌碌过一生。所以面对逆境，我们不要抱怨，而是要更加努力奋斗，才会有更多的机会。怨忿要么成就一个人，要么毁掉一个人。但是对于一个意志坚强的人来说，后一种可能几乎是不可能出现的。

心灵感悟

面对逆境，我们不要抱怨，而是要更加努力奋斗，才会有更多的机会。

位置

迈克在求学方面一直遭遇失败与打击，高中未毕业时，校长对他的母亲说："迈克或许并不适合读书，他的理解能力差得让人无法接受。他甚至弄不懂两位数以上的计算。"

母亲很伤心，她把迈克领回家，准备靠自己的力量把他培养成才。可是迈克对读书不感兴趣，为了安慰母亲，他也试着努力学习，但是不行，他无论如何也记不住那些需要记忆的知识。

一天，当迈克路过一家正在装修的超市时，他发现有一个人正在超市门前雕刻一件艺术品，迈克产生了兴趣，他凑上前去，好奇而又用心地观赏起来。

不久，母亲发现迈克只要看到什么材料，包括木头、石头等，必定会认真而仔细地按照自己的想法去打磨和塑造它，直到它的形状让他满意为止。母亲很着急，她不希望他玩弄这些东西而耽误学习。迈克不得不听从母亲的吩咐继续读书，但同时克最终还是让母亲彻底失望了，没有一所大

学肯录取他，哪怕是本地并不出名的学院。母亲对迈克说："你走自己的路吧，没有人会再对你负责，因为你已长大!"

迈克知道在母亲眼中自己是一个彻底的失败者，他很难过，决定远走他乡去寻找自己的事业。

许多年后，市政府为了纪念一位名人，决定在市政府门前的广场上置放名人的雕像。

众多的雕塑大师纷纷献上自己的作品，以期望自己的大名能与名人联系在一起，这将是难得的荣耀和成功。

最终一位远道而来的雕塑师获得了市政府及专家的认可，在开幕式上，这位雕塑大师说："我想把这座雕塑献给我的母亲，因为我读书时没有获得她期望中的成功，我的失败令她伤心失望。现在我要告诉她，大学里没有我的位置，但生活中总会有我一个位置，而且是成功的位置。我想对母亲说的是，希望今天的我至少不让她再次失望。"

这个人当然就是迈克。在人群中，迈克的母亲喜极而泣。她知道迈克并不笨，当年只是她没有把他放对位置而已。

心灵感悟

唯有自己才知道自己真正想做什么，适合做什么，能做成什么。而且选择自己的道路，是你最基本的权力。

华特的新生活

42岁的华特是某科技公司的业务总监，5年的从业经历，他都在很大的压力中度过，以至体重增加了45磅，还得了高血压。可喜的是，他的工作还算顺利。最近，他在高级住宅区买了房子，妻子也辞了工作，打算做个称职的家庭主妇。儿子也争气，进了当地一所著名的大学。一切都顺风顺水，华特可谓是春风得意。

然而只在一夜之间，事情发生了巨大的变化。他所在的公司资产重组，一批骨干人员遭到了清洗，不幸的是，华特也在被清洗名单内，危机笼罩在他头上。

3个月后，华特找到了一份新工作，一家科技公司聘用他担任业务总监，总的来说，还算幸运。新的工作内容和以前差不多，而且新公司规模比较小，工作压力也许要小一些，然而实际情况大大出乎他的想象。

很快地，华特发现，虽然是新环境，面对新的面孔，自己仍然感到窒息，烦琐的公文和会议可以把他活埋了。他终于明白，自己过去的那套管理办法需要改革，甚至说，一切都需要推翻重来。

新的工作干了还不到两年，华特便迫不及待地辞职了。人们都以为华特疯了。但他自己心中有数，如果不赶紧脱身，就不可能放手一搏，那么更多的时间将被浪费掉。他说："紧急刹车的确会损坏汽车，但总比一头栽下悬崖要好一些。"

从繁重的工作中解脱出来，华特可以真正地思考了，他想明白自己到底需要怎样的事业，自己到底喜欢什么样的工作，想做什么样的事。

"我的路要靠自己来选择，"华特说，"在第一家公司，我侥幸当上业务总监。但我原本是网站工程师，人力资源部门的主管是我的朋友，我们常常待在一起，有一天业务总监的职位出缺，他便让我干上了。"

吸引华特的，是业务总监的薪资以及权威性，但他对管理根本不感兴趣。多年以后，华特终于明白，只有创意才能带给他最大的成就感，这使他下定决心当一名自由工作者。"也许别人会因此认为我是一个失败者，这可是个不好的名声，但我只犹豫了一会儿，我觉得成功的生活方式对每个人来说都各不相同。"华特的新事业非常顺利。他获得了前所未有的快乐。比起过去担任业务总监时，他现在更加健康、更加具有创造力。他说："坚持到底的确需要勇气，但是适时退出也不失明智。"

心灵感悟

人生就像一次没有指南针的远航，偶尔的迷路总是在所难免的。优秀的船长会不断地纠正自己的方向，而失败的船长却总是固执于一条错误的航线。

数学奇才伽罗华

1832年5月30日清晨，在巴黎的葛拉塞尔湖附近躺着一个昏迷的年轻人，过路的农民从枪伤判断他是决斗后受了重伤，就把这个不知名的青年

抬到了医院。第二天早晨10点，这个可怜的年轻人离开了人世，数学史上最年轻、最富有创造性的头脑停止了思考。后来的一些著名数学家说，他的死使数学的发展被推迟了几十年。他就是伽罗华。

1811年10月25日，伽罗华出生于法国巴黎郊区的拉赖因堡。他的父亲是小镇镇长，母亲受过良好的教育。

12岁以前，伽罗华一直是在母亲的教育下长大的，小时候的伽罗华就对数学表现出很大的兴趣和聪慧。长大后的他在数学领域有很大的影响力，可惜这位数学天才只活了21岁就去世了。他的生命虽然短暂，却对方程的理论作出了杰出的贡献。不但如此，关于他还有一个用圆周率破案的传说。

一天，伽罗华得到了一个伤心的消息，他的一位老朋友鲁柏被人刺死了，家里的钱财被洗劫一空。伽罗华闻讯赶来看老朋友，并决定帮朋友查出真相，女看门人告诉伽罗华，警察在勘察现场的时候，看见鲁柏手里紧紧握着半块没有吃完的苹果馅儿饼。女看门人认为，凶手一定就在这幢公寓里，因为出事前后，她一直在值班室，没有看见有人进出公寓。可是这座公寓共有4层楼，每层楼有15个房间，共居住着100多人，这里而到底谁会是凶手呢?

伽罗华把女看门人提供的情况前前后后分析了一番，然后他请女看门人带他到3楼，在314号房间的门前停下来，问道:“这房间谁住过?”

女看门人回答:“米塞尔。”

“这个人怎么样?”

“不怎么样，整天不干正事，爱赌钱，好喝酒，昨天搬走了。”

“这个米塞尔就是杀人凶手。”伽罗华肯定地说。女看门人大为惊奇，问道:“根据什么?”

伽罗华告诉她，根据鲁柏手里的馅儿饼。因为在英文里，“馅儿饼”读做pie，读音和字母π相同，而字母π经常用来表示阅周率。鲁柏生前爱好数学，常把圆周率的近似值取3.14来作计算。鲁柏在最后时刻紧握馅儿饼，看来是为了强调314这个数，提醒人们注意314号房间里的居民米塞尔。联系米塞尔的表现，可以断定，凶手就是他!

他们立刻把这些情况报告了警察，要求缉捕米塞尔。米塞尔很快就被捉拿归案，经过审讯，他果然招认了他因为见财起意杀害鲁柏的全过程。就是这半块馅儿饼，让鲁柏在被害之际还提供了凶手的线索，并被伽罗华注意到，从而抓到了真凶。

心灵感悟

知识的力量是强大的，数学知识亦是如此，它不仅能用来解决数学问题，亦能推而广之用来破案，圆周率破案的成功多亏聪明的伽罗华，但也少不了数学知识的指点。数学是一门丰富的学科，走近它，我们会发现很多的乐趣。

聪明的伽利略

伽利略于1564年2月15日在意大利的港都比萨出生，那儿有一座举世闻名的比萨斜塔。伽利略在家排行老大，他父亲是一位音乐家，他希望聪明的伽利略学医，可以赚取更多的钱。因此，伽利略11岁就被送去耶稣修道院，4年后，他告诉父亲决定终生做一名修道者，但这并不符合父亲对他的期望，所以急忙给他办理了退学。后来他们一家人移居到其他地方，伽利略在17岁那年回到比萨大学学医，完成了父亲的心愿，可是他只对科学、数学有兴趣，而这一兴趣得不到父亲的肯定。于是他决定想一个办法说服父亲。

一天，伽利略对父亲说："爸爸，我想问您一件事，是什么促成了您同妈妈的婚事？"

"我喜欢上她了。"父亲平静地说。

伽利略又问："那您有没有娶过别的女人？"

"没有，孩子。家里的人要我娶一位富有的女士，可我只钟情于你的母亲，她从前可是一位风姿绰约的姑娘。"

伽利略说："您说得一点也没错，她现在依然风韵犹存，您不曾娶过别的女人，因为您爱的是她。您知道，我现在也面临着同样的处境。除了科学以外我不可能选择别的职业，因为我喜爱的正是科学。别的对我而言毫无用途也毫无吸引力！难道要我去追求财富、追求荣誉？科学是我唯一的需要，我对它的爱有如对一位美貌女子的倾慕。"

父亲说："像倾慕女子那样？你怎么会这样说呢？"

伽利略说："一点也没错，亲爱的爸爸，我已经长大成人了，别的同学

都已想到了自己的婚事，可是我从没想过那方面的事。别的人都想寻求一位标致的姑娘作为终身伴侣，而我只愿与科学为伴。”

父亲始终没有说话，仔细地听着。

伽利略继续说：“亲爱的爸爸，您有才干，为什么您不能帮助我实现自己的愿望呢？我一定会成为一位杰出的学者，获得教授身份。我能够以此为生，而且比别人生活得更好。”

父亲为难地说：“可是家里现在紧张，我没有钱供你上学。”

“爸爸，您听我说，很多穷学生都可以领取奖学金。我为什么不能占领一份奖学金呢？您在佛罗伦萨有那么多朋友，您和他们的交情都不错，他们一定会尽力帮助您的。也许您能到宫廷去把事办妥，他们只需去问一问公爵的老师奥斯蒂罗·利希就行了，他了解我，知道我的能力……”

父亲被说动了：“嘿，你说得有理，这是个好主意。”

就这样，伽利略最终说动了父亲，并通过努力实现了自己的理想，成了一名伟大的科学家。

心灵感悟

人与人沟通，很难一开始就产生共鸣，当你试图说服别人，或对别人有所求时，最好从对方感兴趣的话题谈起，不要太过早暴露自己的意图，让对方一步步地赞同你的想法，当对方深入了解你的意图之后，便会不自觉地认同你的观点。

毕克斯特恩的成功

亨利·毕克斯特恩出生在威斯特麦兰郡的克拜伦德尔地区。他父亲是一个外科医生。他本人也准备继承父业。在爱了堡求学期间，他就以坚韧刻苦而出了名，他对医学研究专心致志，从不动摇。回到克伦拜德尔地区之后，他积极从事实践活动，但日久天长，渐渐对这门职业失去了兴趣，对这个偏僻小镇的闭塞与落后也日益不满。

他是那么渴望进一步提高自己，这时他已对生理学发生了兴趣，并有了自己的思考。他父亲完全赞成毕克斯特恩本人的愿望，于是把他送到了剑桥大学，以使他在这个世界闻名的大学进一步深造。

但过分地用功严重地损害了他的身体。为了恢复健康，作为一个医生，他接受了一项职务——即去洛德奥克斯福德当一名旅行医生。在此期间，他掌握了意大利语，并对意大利文学产生了浓厚的兴趣，对医学的兴趣远不如以前了。他打算放弃医学，回到剑桥之后，他决心攻读学位。他成为当年剑桥大学数学学位考试一等及格者。他的努力程度，由此可见一斑。

毕业之后，令人遗憾的是他未能进入医学界，他只得进入律师界。

但作为一位刚刚毕业的学生，他进入内殿法学协会。他像以前钻研医学一样刻苦地钻研法律。他在给父亲的信中写道："每一个人都对我说：'你一定会成功——以你这非凡的毅力'。尽管我不知道将来会是什么样子，但有一点我敢肯定：只要我用心去干一件事，我是决不会失败的。"

28岁那年，他被招聘进入律师界，虽然也曾经历一段"靠朋友们的捐赠过日子"、"连最必需的衣服、食物都已紧缩到不能再紧缩的地步"、"经济十分拮据"的日子，但他终于成了一位声名显赫的主事官，以蓝格德尔贵族的身份坐在上议院之中。

心灵感悟

毕克斯特恩的成功再一次证明，那些具有非凡毅力、顽强意志的人，经过自己不屈不挠的执著追求，终会换来成功的喜悦，也会赢得世人的崇敬。

要做自己命运的主宰

在我国邓亚萍这个名字可谓家喻户晓，不仅如此，有的人在谈及她时还绘声绘色地将其描绘一番：矮矮的个儿，胖胖的脸，打起乒乓球来简直像只出山的小猛虎，出手快捷，攻势凌厉，左推右挡，勇不可当，往往只几板就把对方制服住了。

的确，邓亚萍在我国乒坛，乃至世界乒坛上名声大噪，堪称"大姐大"。自她1986年13岁那年拿到第一个全国乒乓球锦标赛的冠军开始，到1997年5月的第四十四届世界乒乓球锦标赛上，在短短的11年间，她一共在各种全国性和世界性乒乓球大赛中拿到153个冠军，其中尤其从1989年入选国家队到1997年的第十四届世界乒乓球锦赛这9年的历史最为辉煌，仅在世界级别最高的奥运会、世界杯赛和世界锦标赛这三大比赛中，就独自一人获得18块含金量特别高的金牌，并且还是国际体坛上唯一一个曾三次接受国际奥委会主席萨马兰奇为其亲自授奖的运动员。这不但在中国乒坛，而且在世界乒坛史上都写下了光彩的一笔。

但邓亚萍的成长之路，可谓坎坎坷坷，历尽磨难。她4岁多时便表现了一个“铁娃”的本色，平时拼拼打打从不哭闹，并且玩什么都格外专注。这被在河南郑州市体委任乒乓球教练的父亲看在眼里，喜在心头，认定她是一块搞体育的好料。于是，父亲便“就地取材”，精心地培养自己的爱女。

一晃5年过去了，邓亚萍在父亲的调教下，乒乓球技术已达到一定水平。为使她能得到进一步发展，父亲将她送到河南省乒乓球队去深造。然而，去后不久，便被退了回来，其理由是“个儿矮，手臂短，没有发展前途”。这在少年的邓亚萍的心灵上第一次留下了一道深深的伤痕。

令人欣慰的是，在父亲的鼓励下，倔强的邓亚萍并未因此一蹶不振，相反，她练得更加刻苦，并发誓有朝一日一定要拼出个人样来。

机遇终于来了。

1986年是邓亚萍人生出现重大转折的一年。那一年，年仅13岁的她，临时顶替河南省代表队一名生病的运动员参加全国乒乓球锦标赛。赛前教练们对她并不抱有什么期望，要她顶替上场纯粹是为了不使该队“弃权”。出人意料的是，这个名不见经传的矮个姑娘竟然接连击败了耿丽娟、陈静等当时很有名气的国手，一举登上了冠军宝座，爆出了此届乒乓球赛的最大冷门，成为一匹引人注目的“黑马”。

赛后，这位被人判了“无发展前途”死刑的小姑娘，成了当时国家乒乓球女队主教练张燮林手下的又一位女弟子。从此，邓亚萍在中国体坛的圣殿里将其那股在逆境中练就的“铁娃”本性表现得淋漓尽致，其运动水平大大提高，经过各次大赛的历练，最终登上国际乒坛女霸主的宝座。

从邓亚萍人生发展的崎岖道路中我们可以看出：对绝大多数人来讲，成才之路都是崎岖坎坷且布满荆棘的。虽然有成功的光环在前方召唤，但追求成功的过程却是十分艰难的。好比在波涛中前行的航船，前方虽有光明的灯塔，但通往灯塔之路却随时会出现旋涡、暗礁，会有抛锚停船。也会有船翻人落水的危险，但既然已认定目标，认为自己的选择是正确的，就只能勇往直前，丝毫不能退缩、动摇。

心灵感悟

面对命运的挑战，我们要选择做生活的强者，紧紧扼住命运的咽喉，在立志成才的道路上披荆斩棘，一往无前，实现自己的人生价值。

靠天靠地不如靠自己

李嘉诚是一个自立自强、永不服输的人。当年，他一家为逃避战乱辗转来港，在战火燃及香港、百业萧条的情况下，他父亲为了养家糊口，只好拼命地工作。

但祸不单行，由于长年劳累，再加上贫困、忧愤，不幸染上了肺病，终于在家庭最困难的时候病倒了。

身为长子的李嘉诚一边照顾父亲，一边拼命读书。他希望通过自己的努力学习，取得好成绩，让生病的父亲获得一种精神上的慰藉。李嘉诚父亲也满心期待着儿子能够学有所成、出人头地。

为了给父亲治病，李嘉诚一家每天两顿稀粥，母亲去集贸市场收集的菜叶子，便是一家一天的“美食”。每天一放学，李嘉诚便匆匆赶到医院，守护在父亲的病床前，紧握住父亲的手，向他汇报自己的成绩。此刻，父亲的脸上就会洋溢出宽慰的笑容。

然而，命运无情。父亲终于没能熬过1943年那个寒冷的冬天，走完了坎坷的一生，离开了这动荡纷乱的世界。他没有给李嘉诚留下一文钱，相反，还给李嘉诚留下了一副家庭重担。

临终前，父亲哽咽着对儿子说：“阿诚，这个家从此就只有依靠你了，你要把它维持下去！”

此外，父亲深知未成年的儿子更需要依靠亲友的帮助，同时又不希望儿子抱有太重的依赖心理，便留下“贫穷志不移”、“做人须有骨气”、“求人不如求己”、“吃得苦中苦，方为人上人”、“不义富且贵，于我如浮云”、“失意不灰心，得意莫忘形”、“达则兼济天下，穷则独善其身”之类的遗言。

对于父亲的熏陶和遗训，对于父亲的一片苦心，李嘉诚永生不忘，时刻铭记在心，并伴随他一生的风风雨雨，使他终身受益无穷。父亲在贫穷中辞世，却给儿子留下珍贵的精神遗产——如何做人。这一年，李嘉诚14岁，刚读完初中二年级。

数十年后，每当李嘉诚回忆起父亲生病不求医，省下药钱供自己读书，母亲缝补浆洗，含辛茹苦维持一家人生计时，总是不堪回首，并产生一种“子欲养而亲不在”的伤痛之情。

14岁的孩子，正是需要父母呵护疼爱、充满梦幻的年龄。但因父亲辞世，弟妹尚幼，为了生存，母亲设法批发一些塑料花去卖，每天只能赚到几角钱，根本无法养活一家5口。加上经历时局动荡，世态炎凉，促使李嘉诚早熟。

李嘉诚身为家中的长子，对母亲非常孝顺，觉得自己应该放弃学业，帮助母亲承担家庭生活的重负。

这对于一个14岁的少年来说，实在是难以接受的现实。尽管舅父庄静庵表示资助李嘉诚完成中学学业，接济李嘉诚一家，但李嘉诚仍打算中止学业，遵循父亲的遗愿，谋生赚钱，支撑起这个家庭。舅父未表示异议，他说，他也是读完私塾，10岁出头就远离父母家乡，去广州闯荡打天下的。原本，外甥李嘉诚进舅父的公司顺理成章。

庄静庵未开这个口，舅父的意思李嘉诚心知肚明，他今后必须靠自己，独立谋生。

商业社会的冷酷无情对一个少年来说，是一种灾难，但它也催人早熟，也许正因为这样，才迫使少年李嘉诚丢掉幻想，把自己逼上了独立谋生的道路，从此开始自我奋斗，由一个地位低下的打工仔，一步一个脚印地走向了成熟、成功和辉煌。

心灵感悟

生活中，每个人都会遇到生活的重压，有些人由于承受不了而失败，有些人则敢于挑战，赢得成功。由此，我们可以得到一些启迪。我们应该正视并且利用人生的挫折和不幸，甚至应该自加压力，强迫自己发挥出巨大的潜能。

未被失败吓跑的林肯

林肯是美国历史上一位伟大的人物，他的故事一直以来激励着许多人，最令人佩服的是他面对失败的态度。

林肯出生在肯塔基州哈丁县一个伐木工人的家庭，迫于生计，他先后干过店员、村邮务员、测量员和劈栅栏木条等多种工作。1832年，林肯失业了，这使他很伤心，但他下决心要当政治家，当州议员。糟糕的是，他竞选失败了。在一年里遭受两次打击，这对他来说无疑是痛苦的。接着，林肯着手自己开办企业，可一年不到，这家企业又倒闭了。在以后的17年间，他不得不为偿还企业倒闭时所欠的债务而到处奔波，历尽磨难。随后，林肯再一次决定参加竞选州议员，这次他成功了。他内心萌发了一丝希望，认为自己的生活有了转机："可能我可以成功了！"然而不幸正在悄悄地降临。

1835年，他订婚了。但离结婚还差几个月的时候，未婚妻不幸去世。这对他精神上的打击实在太大了，他心力交瘁，竟然数月卧床不起。1836年，他得了神经衰弱症。1838年，林肯觉得身体状况慢慢恢复了，于是决定竞选州议会议长，可他失败了。1843年，他又参加竞选美国国会议员，这次仍然没有成功。

林肯虽然经历一次次地尝试，但却是一次次地遭受失败：企业倒闭、情人去世、竞选败北。要是你碰到这一切，会不会放弃你以前的追求呢？

林肯拥有执著的性格，他没有放弃，也没有说："要是失败会怎样？"1846年，他又一次参加竞选国会议员，最后终于当选了。两年任期很快过去，他决定要争取连任。他认为自己作为国会议员表现是出色的，相信选民会继续选他。但结果很遗憾，他落选了。这次竞选他赔了一大笔钱，林肯申请当本州的土地官员。但州政府把他的申请退了回来，上面指出："做本州的土地官员要求有卓越的才能和超常的智力，你的申请未能满足这些要求。"

接连又是两次失败。

这一切失败并没有使林肯服输。1854年，他竞选参议员，失败了；两年后他竞选美国副总统提名，结果被对手击败；又过了两年，他再一次竞选参议员，还是失败了。

林肯一连尝试了11次，可只成功了两次，他一直没有放弃自己的追求，他一直在做自己生活的主宰。也就是说，他没有被失败吓跑。

1860年，林肯终于当选为美国总统，成了美国人民心中伟大的领袖。

心灵感悟

在通往成功的道路上，谁都不可能一帆风顺，甚至会遭遇多次失败。失败之所以会成为失败，是因为被失败吓跑了；成功之所以会成为成功，是因为吓跑了失败。有着积极心态的人，会在重重压力下逆流而上，恪守初衷，始终坚持不放弃，直到最后的成功。

名将的诞生

1861年4月，林肯号召人们志愿起来保卫联邦时，39岁的格兰特看到了自己的机会。

格兰特放弃了自己在商店的工作，穿上了他那身皱巴巴的旧军装，在加利纳帮助征召了一个志愿连，但他谢绝了选他当他们的连长。这是因为，他想得到更好一点的东西。他给州长写了一封语气谦逊的信，提到了他在军事方面的经验，他到斯普林菲尔德去，以每天3美元的报酬当了几周的办事员，帮助组建了伊利诺斯志愿团。当他们中间的一个人证明这个团不守秩序难以驾驭时，州长就把它交给了格兰特。

格兰特马上证明自己是有指挥能力的，在一次牵制行动中，他采取突然行动，把他的士兵编成队形，成功地投入了战斗，取得了很大的胜利，8月，他得到了准将的任命。

在美国第一流的装甲炮舰的帮助下，格兰特在田纳西占领了亨利和多纳尔森堡，一举抓获叛军两万多人。当多纳尔森堡的叛军司令向格兰特提出投降的条件时，格兰特回答说："没有条件，只有无条件的立即投降才是可以接受的。"这为格兰特赢得了一个绰号——"无条件投降"格兰特，不久他被提升为少将。两个月后，格兰特在田纳西南部的希洛任司令。他虽然遭到了叛军出乎意料的大规模进攻——有人说他在一条船上喝酒——但他顽强地坚持到了最后，在这次美国大陆当时最为血腥的战斗中，他终于击败了敌军。由于战斗中伤亡数字过大，格兰特暂时遭到了非议，被解除了指挥权。但接掌指挥权的上司太无能了，竟然在几个月内使战事未能有任何进展。于是在10月，格兰特又恢复了指挥地位，并被授予在田纳西的联邦军总司令的职务。

他立即做出决定，攻占有强大叛军固守的维克斯堡。维克斯堡具有几乎是难以逾越的天然屏障，牛轭湖、沼泽地和密西西比河那高耸的悬崖峭壁形成了一道坚不可摧的防线。

这场战役打得非常艰难，时常受挫，但格兰特以他无比的坚毅证明了他的胆略和技巧都是超人的。当1863年维克斯堡无条件投降时，格兰特受到了整个北方的欢呼喝彩。格兰特得到了整个政府军的指挥权，他组织了对叛军主力插入田纳西中部的反击，在查塔努加战斗中决定性地击败了叛军的如拉格将军，为进入乔治亚打开了一条通道。

1864年3月，格兰特被林肯总统召到华盛顿，授予他当时军队中的最高军衔——中将，又给了他军队总司令的职务。他立即制订了对付邦联军的最后一个战役的计划，任命威廉·T·谢尔曼到西部的军队中去，用波托马克的军队建立起他自己的司令部。谢尔曼的任务是插进叛军的心脏，占领亚特兰大，破坏南方的乔治亚“仓库”。当谢尔曼来信说他已开始照计划执行时，格兰特把自己的注意力转移到了由罗伯特·E·李任名誉司令的叛军主力部队。

格兰特不顾对他的损失惨重的批评，勇敢地向李发起了进攻，很快把他逼回了里士满的防区。整个1864年到1865年的冬天，格兰特在不断地施加压力。1865年4月2日，李被迫放弃了里士满撤回西方。一周之后，这场战争在阿波马托克斯县政府所在地结束了。在这胜利的时刻，格兰特表现出了宽宏大量而又非常谦逊的大将风度，他穿着满身泥污的军服以非常慷慨宽大的条件接受了李的投降。

格兰特成了一个全国的英雄。他的家乡伊利诺斯加利纳镇为他建了一座房子；费拉德尔菲亚送给他的礼物是一座大厦；纽约给他的礼物是现金，纽约人民募集了10万美元作为奖金献给了他；国会授予他五星上将的军衔。

心灵感悟

每个人都有一个最适合自己的位置，但是这个位置开始总是隐藏在迷雾当中。有很多人在一度搜索之后便主动放弃了，或者退而求其次。但事实证明，只有在最适合自己的位置上，人们才能发挥最佳的水平。

当他绕了一个大弯才回到正确的位置上来时，他也许会为自己一时的放弃而唏嘘不已。

贷一美元的富翁

美国，华尔街，某大银行。

在贷款部的柜台前，一位衣着华贵的犹太老人，夹着考究的公文包大模大样地坐下来。

“请问先生，您有什么事情需要我们效劳吗？”贷款部经理一边小心翼翼地询问，一边打量着来人的穿着：名贵的西服，高档的皮鞋，昂贵的手表，还有镶着宝石的领带夹。

“我想借点儿钱。”老人慢悠悠地说。

“完全可以。您想借多少呢？”贷款部经理的脸上露出了笑容。

“一美元。”老人回答。

“只借一美元？”经理很惊讶。

“我只需要贷一美元，可以吗？”老人询问道。

“当然，只要有担保，按规定借多少都可以。”贷款部经理回答着，但他不明白老人的意思。

“好吧。”老人从考究的公文包里取出一大堆股票、国债、债券等票据放在桌上，“这些作担保可以吗？”

贷款部经理清点了一下，说：“先生，总共50万美元，作担保足够了，不过先生，您真的打算只借一美元吗？”

“是的。”老人十分坦诚地说。

“好的，请您到那边办手续吧。年息为6%，只要您付6%的利息，一年后归还一美元，我们就把这些作担保的股票和证券还给您……”贷款部经理耐心地解释着。

“谢谢……”老人满意地办完手续，准备离去。

银行行长一直在一旁默默地注视着老人的举动，但他怎么也想不明白，一个拥有50万美元的富豪，为什么会跑到银行来借一美元呢？

他想弄明白这一切，便赶紧追了上去，有些窘迫地说：“对不起，先生，可以问您一个问题吗？”

“你想问什么？”老人回过头来。

“我是这家银行的行长，我实在弄不懂，您拥有50万美元的财产，要是您想借40万美元的话，也根本没有问题，我们会很乐意为您服务的，可是为什么您只借一美元呢……”

“好吧，看你这么细心，我就把实情告诉你吧。我是来这里办事的，可是带着这些银券很不方便，如果把它们放到金库的保险箱的话，需要支付很大一笔租金。而如果我将这些东西以担保的形式寄存在银行，由你们替我保管，既安全而且利息又很便宜，存一年才不过六美分……”

心灵感悟

生活中会有很多看起来让你无法理解的事，那是因为你没有看透那些事的实质，当你透过现象发现它的实质时，你一定会对做这些事的人由衷地钦佩，你会觉得他们太善于动脑了。所以只要我们善于思考，一件事就会找到很多出路。

开水与咖啡豆

一个女孩不停地对父亲抱怨她的生活，抱怨事事都那么艰难，好像一个问题刚解决，新的问题又出现了。她不知该如何应对这一切，她已厌倦抗争和奋斗，想要自暴自弃了。

女孩的父亲是位厨师，他听了女儿的话，既没有责备也没有劝慰，只是默默地把她带进厨房。他先往三只锅里倒入一些水，然后把它们放在炉火上烧。不久，锅里的水烧开了。他往第一只锅里放了些胡萝卜，往第二只锅里放了枚鸡蛋，往最后一只锅里放入碾成粉末状的咖啡豆。他把它们浸入开水中煮，依然一句话也没有说。

女儿咂咂嘴，不耐烦地等待着。她很纳闷儿，不知道父亲是何用意。大约20分针后，父亲关闭了炉火，把第一只锅里的胡萝卜捞出来放入一个碗内，把第二只锅里的鸡蛋盛入另一个碗内，然后又把第三只锅里的咖啡倒入一个杯子里。做完这些后，他才转过身问女儿：“亲爱的，你看见什么了？”

“胡萝卜、鸡蛋、咖啡。”她机械地回答。

父亲让她靠近些，并让她用手摸摸胡萝卜。她摸了摸，注意到它们变软了。父亲又让女儿拿起鸡蛋并打破它。将壳剥掉后，她看到了一只煮熟的鸡蛋。最后，他让她喝了咖啡。品尝到香浓的咖啡，女孩笑了。她怯生生地问："父亲，这是什么意思？"

父亲语重心长地对女儿说："这三样东西面临的是同样的逆境——煮沸的开水，但其反应各不相同。胡萝卜入锅之前是强壮的、结实的，毫不示弱；但进入开水之后，它就变软了，变弱了。鸡蛋原来是易碎的，它薄薄的外壳保护着它液体状的内脏；但是经开水一煮，它的柔弱如水的内脏就变硬了。而粉状咖啡豆则很独特，进入沸水之后，它们倒变成了液体。"

"哪个是你呢？"他问女儿，"当逆境找上门来时，你该如何反应？你是胡萝卜，是鸡蛋，还是咖啡豆？"

心灵感悟

生活不可能一帆风顺，当我们处于逆境之时，既不应该像煮过的胡萝卜那样，软绵绵的，丧失原有的骨气，也不应该像鸡蛋那样，让温柔的内心变硬，而应该像独特的咖啡豆，在磨炼中升华自己，从而散发出浓浓的馨香。

一个低智商的孩子

有些人总是过分重视智力测验，过于相信所谓的"智商"，这不能不说是一大弊端。

人的美好品质是多种多样的，怎能以一份智力试验定夺？尽管你在一次又一次的智力竞赛中名落孙山，但在某一方面，你也许可以发挥你独有的、奇迹般的创造，让生活充满无尽的乐趣。

加拿大少年琼尼·马汶的爸爸是木匠，妈妈是家庭主妇。这对夫妇节衣缩食，一点一点地存钱，因为他们准备送儿子上大学。

当马汶读高二年级时，一天，学校聘请的一位心理学家把这个16岁的少年叫到办公室，对他说："琼尼，我看过了你各学科的成绩和各项体格检查，对于你各方面的情况我都仔细研究过了。"

"我一直很用功的。"马汶插嘴道。

“问题就在这里，”心理学家说，“你一直很用功，但进步不大。高中的课程看来你有点力不从心，再学下去，恐怕你就浪费时间了。”

孩子用双手捂住了脸：“那样我爸爸妈妈会难过的。他们一直巴望我上大学。”

心理学家用一只手抚摸着孩子的肩膀。“人们的才能各种各样，琼尼，”心理学家说，“工程师不识简谱，或者画家背不全九九表，这都是可能的。但每个人都有特长——你也不例外。终有一天，你会发现自己的特长。到那时，你就叫你爸爸妈妈骄傲了。”

马汶从此再没去上学。

那时城里活计难找。马汶替人整建园圃，修剪花草。因为勤勉，倒是忙碌。不久，顾主们开始注意到这小伙子的手艺，他们称他为“绿拇指”——因为凡经他修剪的花草无不出奇的繁茂美丽。他常常替人出主意，帮助人们把门前那点有限的空隙因地制宜精心装点；他对颜色的搭配更是行家，经他布设的花圃无不令人赏心悦目。

也许这就是机遇或机缘：一天，他凑巧进城，又凑巧来到市政厅后面，更凑巧的是一位市政参议员就在他眼前不远处。马汶注意到有一块污泥浊水、满是垃圾的场地，便上前向参议员鲁莽地问道：“先生，你是否能答应我把这个垃圾场改为花园？”

“市政厅缺这笔钱。”参议员说。

“我不要钱，”马汶说，“只要允许我办就行。”

参议员大为惊异，他从政以来，还不曾碰到过哪个人办事不要钱呢！他把这孩子带进了办公室。

等马汶步出市政厅大门时，满面春风：他有权清理这块被长期搁置的垃圾场地了。

当天下午，他拿了几样工具，带上种子、肥料来到目的地。一位热心的朋友给他送来一些树苗；一些相熟的顾主请他到自己的花圃剪用玫瑰插枝；有的则提供篱笆用料。消息传到本城一家最大的家具厂，厂主立刻表示要免费承做公园里的条椅。

不久，这块泥泞的污秽场地就变成了一个美丽的公园，绿茸茸的草坪，曲幽幽的小径，人们在条椅上坐下来还听到鸟儿在唱歌——因为马汶也没有忘记给它们安家。全城的人都在谈论，说一个年轻人办了一件了不起的事。这个小小的公园又是一个生动的展览橱窗，人们凭它看到了琼尼·马汶的才干，一致公认他是一个天生的风景园艺家。

这已经是25年前的事了。如今的琼尼·马汶已经是全国知名的风景园艺家。

不错，马汶至今没学会说法国话，也不懂拉丁文，微积分对他更是个未知数，但色彩和园艺是他的特长。他使渐已年迈的双亲感到了骄傲，这不光是因为他在事业上取得的成就，而且因为他能把人们的住处弄得无比舒适、漂亮——他工作到哪里，就把美带到哪里！

心灵感悟

人的聪明和愚笨在很多情况下是可以互换的，看似绝顶聪明的人也会常常做出蠢事，貌似愚钝无知的人却往往阐自己的行动感动着别人、教育着别人。所以，生命的美丽不全在智力的高低，而在心灵的善恶。

20年以后

纽约的一条大街上，一位值勤的警察正沿街走着。一阵冷飕飕的风向他迎面吹来。已近夜间10点，街上的行人寥寥无几了。

在一家小店铺的门口，昏暗的灯光下站着一个男子。他的嘴里叼着一支没有点燃的雪茄烟。警察放慢了脚步，认真地看了他一眼，然后，向那个男子走了过去。

“这儿没有出什么事，警官先生。”看见警察向自己走来，那个男子很快地说，“我只是在这儿等一位朋友罢了。这是20年前定下的一个约会。你听了觉得稀奇，是吗？好吧，如果有兴致听的话，我来给你讲讲。大约20年前，这儿，这个店铺现在所占的地方，原来是一家餐馆……”

“那餐馆5年前就被拆除了。”警察接上去说。

男子划了根火柴，点燃了叼在嘴上的雪茄。借着火柴的亮光，警察发现这个男子脸色苍白，右眼角附近有一块小小的白色伤疤。

“20年前的今天晚上，”男子继续说，“我和吉米·维尔斯在这儿的餐馆共进晚餐。哦，吉米是我最要好的朋友。我们俩都是在纽约这个城市里长大的。从孩提时候起，我们就亲密无间，情同手足。当时，我正准备第二天早上就动身到西部去谋生。那天夜晚临分手的时候，我们俩约定：20

年后的同一日期、同一时间，我们俩将来到这里再次相会。”

“这听起来倒挺有意思的，”警察说，“你们分手以后，你就没有收到过你那位朋友的信吗？”

“哦，收到过他的信。有一段时间我们曾相互通信。”那男子说，“可是一两年之后，我们就失去了联系。你知道，西部是个很大的地方，而我呢，又总是不断地东奔西跑。可我相信，吉米只要还活着，就一定会来这儿和我相会的。他是我最信得过的朋友啦。”

说完，男子从口袋里掏出一块小巧玲珑的金表。表上的宝石在黑暗中闪闪发光。“9点57分了。”他说，“我们上一次是10点整在这儿的餐馆分手的。”

“你在西部混得不错吧？”警察问道。

“当然啰！吉米的光景要是能赶上我的一半就好了。啊，实在不容易啊！这些年来，我一直不得不东奔西跑……”

又是一阵冷飕飕的风穿街而过。接着，一片沉寂。他们俩谁也没有说话。过了一会儿，警察准备离开这里。

“我得走了，”他对那个男子说，“我希望你的朋友很快就会到来。假如他不准时赶来，你会离开这儿吗？”

“不会的。我起码要再等他半个小时。如果吉米他还活在人间，他到时候一定会来到这儿的。就说这些吧，再见，警官先生。”

“再见，先生。”警察一边说着，一边沿街走去，街上已经没有行人了，空荡荡的。男子又在这店铺的门前等了大约20分钟的光景，这时候，一个身材高大的人急匆匆地径直走来。他穿着一件黑色的大衣，衣领向上翻着，盖住了耳朵。

“你是鲍勃吗？”来人问道。

“你是吉米·维尔斯？”站在门口的男子大声地说，显然，他很激动。

来人握住了男子的双手。“不错，你是鲍勃。我早就确信我会在这儿见到你的。啧，啧，啧！20年是个不短的时间啊！你看，鲍勃！原来的那个饭馆已经不在啦！要是它没有被拆除，我们再一块儿在这里面共进晚餐该多好啊！鲍勃，你在西部的情况怎么样？”

“哦，我已经设法获得了我所需要的一切东西。你的变化不小啊，吉米，我原来根本没有想到你会长这么高的个子。”

“哦，你走了以后，我是长高了一点儿。”

“吉米，你在纽约混得不错吧？”

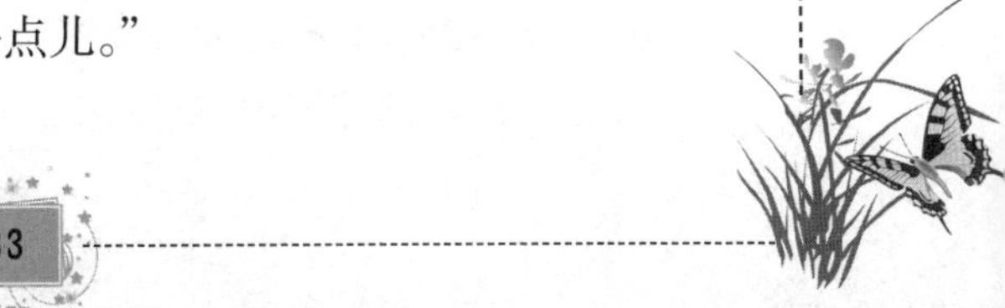

"一般，一般。我在市政府的一个部门里上班，坐办公室。来，鲍勃，咱们去转转，找个地方好好叙叙往事。"

这条街的街角处有一家大商店。尽管时间已经不早了，商店里的灯还在亮着。来到亮处以后，这两个人都不约而同地转过身来看了看对方的脸。

突然间，那个从西部来的男子停住了脚步。

"你不是吉米·维尔斯，"他说，"20年的时间虽然不短，但它不足以使一个人变得容貌全非。"从他说话的声调中可以听出，他在怀疑对方。

"然而，20年的时间却有可能使一个好人变成坏人，"高个子说，"你被捕了，鲍勃。芝加哥的警方猜到你会到这个城市来的，于是他们通知我们说，他们想跟你'聊聊'。好吧，在我们还没有去警察局之前，先给你看一张条子，是你的朋友写给你的。"

鲍勃接过便条。读着读着，他微微地颤抖起来。便条上写着：

鲍勃，刚才我准时赶到了我们的约会地点。当你划着火柴点烟时，我发现你正是那个芝加哥警方所通缉的人。不知怎么的，我不忍自己亲自逮捕你，只得找了个便衣警察来做这件事。

心灵感悟

时间真的可以改变一切，20年，甚至只需要10年就可以把一个人从好人变成坏人。可是我更愿意倒过来看，20年，或许只要10年也足够让一个坏人变成好人。毕竟鲍勃怎么看都不是那种无可救药的人，等着时间去改变他吧！

桥

黎明的时候，雨突然大了。像泼，像倒。

山洪咆哮着，像一群受惊的野马，从山谷里疯狂奔出来，势不可挡。

工地被惊醒了。人们翻身下床，却一脚踩进水里。不知是谁惊慌地喊了一嗓子，100多号人你拥我挤地向南跑。但是，两尺多高的洪水已经开始在路面上跳舞。人们又疯了似的折回来。

东西没有路。只有北面那座窄窄的木桥。

死亡在洪水的狞笑声中逼近。

人们跌跌撞撞地向那座木桥涌去。

木桥前，没腿深的水里，站着他们的党支部书记，那个不久就要退休的老汉。

老汉清瘦的脸上流着雨水。他不说话,盯着乱哄哄的人们。像一座山。

人们停住脚，望着老汉。

老汉沙哑地喊话："桥窄。排成一队，不要挤，党员排在后边。"

人群里喊出一嗓子："党员也是人。"

有人响应："这不是拍电影。"

老汉冷冷地："可以退党，到我这儿报名。"

竟没人再喊，100多人很快排成队伍，依次从老汉身边跑上木桥。

水渐渐蹿上来，放肆地舔着人们的腰。

老汉突然劈手从队伍里拖出一个小伙子，骂道："你他妈的还是个党员吗？你最后一个走！"老汉凶得像只豹子。

小伙子狠狠地瞪了老汉一眼，站到一边。

队伍秩序井然。

木桥开始发抖，开始痛苦地呻吟。

水，爬上了老汉的胸膛。终于，只剩下了他和那小伙子。

小伙子竟来推他："你先走。"

老汉吼道："少废话，快走。"他用力把小伙子推上木桥。

突然，那木桥轰地塌了。小伙子被吞没了。

老汉似乎要喊什么，但，一个浪头也吞没了他。

白茫茫的世界。

5天以后，洪水退了。

一个老太太，被人搀扶着，来这里祭奠。

她来祭奠两个人。

她丈夫和她的儿子。

心灵感悟

在物质利益愈发高于一切的当代，我们真的有必要接受一次这样的洗礼。当我们都想着为自己谋取利益的时候，我们也有必要接受一次这样的熏陶。不求我们像那位可敬的党支部书记一样高尚，但求我们的心灵得到一点儿净化。

头颅会说话

一个猎人追赶一只受伤的兔子，跑进了一片灌木丛里。寻找的过程中，猎人意外地发现，在一丛灌木的旁边竟然有一颗老人的头颅，他捡了起来，端详了半天后自言自语道："你怎么会到这里来呢？"沉默了片刻，头颅竟然开口回答："是因为我爱说话的缘故。"猎人吓了一跳，扔下头颅慌慌张张逃掉了。

第二天一大早，猎人就跑进皇宫对国王说："尊敬的陛下，昨天黄昏时分，我在追赶一只受伤的兔子时，在灌木丛中找到一颗干枯的人头。"国王说："那有什么奇怪？""尊敬的陛下，一颗头颅没有什么奇怪的，但一颗会说话的头颅却不多见啊。"猎人说。

"会说话的头颅？"国王把脖子伸得很长，瞪着猎人。猎人毕恭毕敬地说："是的，尊敬的陛下，一颗会说话的头颅。"国王迷惑地瞅着两侧站立着的大臣，问："萨巴，多基，阿尔可尼，你们说说世上有没有这回事，一颗会说话的头颅？"

萨巴、多基和阿尔可尼是国王最信任的三个大臣，他们互相对望了一会儿，都苦笑着摇了摇头。这样古怪的事情他们还是头一回听说，他们问猎人："真有这种事情吗？"

猎人拍着胸脯打保证说："我敢向上天保证，我说的全是实话。"然后，他恭敬地转向国王，说："尊敬的陛下，如果您发现我是在说谎的话，您可以把我的脑袋砍下来。"国王想了想，说："好吧，我相信你，就让萨巴、多基、阿尔可尼带上几个卫兵和你一起去证实一下那颗会说话的头颅。记住，如果你是在撒谎，可要真的如你所说，当即把你的脑袋砍下来的。"

于是猎人领着三个聪明的大臣和几个卫兵去了那片灌木丛。他们很顺利地就找到了那颗头颅。猎人站在头颅面前喊："头颅，说话。"头颅躺在灌木丛里一动不动，没有理会他。猎人用更大的声音又重复了一遍："头颅，说话！"头颅好像根本就没有生命，还是不吱一声。三个大臣和卫兵们面面相觑。

猎人急了，拿起头颅，放在手中，像昨天一样问："你怎么会到这里来呢？”头颅冷冰冰的，仍是对他的问话置若罔闻。猎人不停地恳求头颅说话，头颅像没有听见一样，就是不开口。

不知不觉到了中午，三个大臣和卫士们有些不耐烦了，他们商量了一下，萨巴对猎人说：“好了，停下你这耍人的把戏吧，现在我们要砍下你的脑袋，尊敬的国王还在等着我们回去复命呢。”猎人一听，连忙跪下来，哀求他们再给他一些时间，他保证那个头颅会说话。大臣和卫士们心软了，说：“如果天黑以前这个头颅再不说话，我们也救不了你了。”

猎人跪在地上，抱着头颅，一遍又一遍地苦苦请求它开口，头颅就是一直闭着嘴，不理会他。慢慢地，天黑了下来，早就失去耐心的卫士们上前一把把猎人提了起来，三个感觉被愚弄的大臣很不高兴地对他说：“算了吧，你已经乞求了整整一天，头颅连半个字也没有说，我们也没有办法，你的这个玩笑开得确实有些过火了，现在，我们只有按照国王陛下的命令，砍下你的脑袋，这可是你自己在尊敬的国王面前许下的承诺啊，怨不得别人。”

倒霉而可怜的猎人就这样被斩了首。

刚完成使命的三个大臣和卫士们刚刚离开灌木丛，那个干枯的老人头颅突然张口说话了。他问猎人的头颅：“你怎么会到这里来呢？”猎人的头颅沉默了片刻，沮丧地说：“是因为我爱说话的缘故。”

心灵感悟

保持沉默总是最安全的，至少对于头颅而言。如果它不再沉默，那只是因为它觉得寂寞。

留在正确的轨道上

卡尔·普兰斯是一名普通的英国火车司机，和所有的工薪族一样，卡尔大叔每天早上5点就得准时起床，匆匆扒拉几口早餐后，赶往自己的铁路公司工作。为此，他能够获得600英镑的周工资，这是他养家糊口的钱。他已经这样工作了整整30年。就像一架机器，日复一日、朝五晚九地奔驰在自己的轨道上。

如果不是天上掉下的馅儿饼砸中了他，卡尔大叔可能会这样一直工作下去，直到退休。一次，他和家人去度假，顺手购买了一张彩票，没想到幸运之神突然降临，他们中了600万英镑的大奖！

眨眼之间，卡尔大叔成了百万富翁。暴富之后，他好好地谋划了一下今后的生活。

卡尔大叔首先辞掉了火车司机的工作，他再也不需要为了那区区600英镑而起早贪黑了。

然后，他将自己居住的那套三居室的房子送给了女儿，又帮助两个儿子还清了住房抵押贷款。

卡尔大叔并非一个自私自利的人，他要让全家人分享有钱人的快乐。

下一步，卡尔大叔要实现自己儿时的梦想。

别以为火车司机卡尔·普兰斯只会开火车，从小，他也怀着远大的理想和梦想，只是以前拿600英镑的工资没办法实现罢了。富裕起来的卡尔大叔，拿出6.4万英镑，在海边买了一幢活动住房。住在海边，每天看海上日出，这就是卡尔大叔的儿时梦想，这个愿望，今天很容易就实现了。

紧接着，和大多数富人一样，曾经的火车司机卡尔大叔想到了周游世界。以前，他只能在大不列颠的土地上，驾驶着火车奔驰，今天，他要乘着别人开的飞机、火车或轮船，到全球各个角落去度假。希腊、大加那利岛、特内里费和西班牙，很快都留下了卡尔大叔和卡尔大婶快乐的身影。

巴黎、罗马、纽约、东京、长城、马尔代夫群岛、地中海……这些著名的景点，都张开了热情的怀抱，等待着卡尔大叔和卡尔大婶。

可是，让人万万没有想到的是，才跑了英国家门口的几个国家，卡尔大叔忽然就懒得再跑了，他对人说："中奖后，我去了国外度假，但我不能忍受自己下半辈子都做这个。我开始渴望回到工作岗位。"

他说什么？他竟然渴望回到工作岗位，继续做火车司机，每周领取600英镑的薪水？

是的，卡尔大叔向原来的铁路公司递交了申请报告，他的申请很快获得了许可，他又回到了自己工作了30年的铁路公司。

这个让人费解的卡尔大叔！

我和妻子都是彩民，每次购买彩票的时候，我们都会情不自禁地幻想，如果我们幸运地中了500万大奖，那该怎么办？首先将银行的贷款还清；把挣不了几个钱还累死累活的工作辞了，再也不用看老板的脸色；咱也买个大房子住，再买辆好车开；一家人四处游山玩水……然后，然后呢？

不知道。

忽然想起卡尔大叔回到铁路公司后，公司发言人的那句话：一旦工作融入员工们的血液，他们会甘愿“留在正确的轨道上”。

心灵感悟

留在正确的轨道上，这应该是我们一生中最重要的选择，任何骤然而降的功名利禄都不应该令其改变，否则，我们的人生就会失去目标，我们的生活就会失去方向。

苹果的味道

学生们向苏格拉底请教怎样才能坚持真理。苏格拉底让大家坐下来，他用手指捏着一个苹果，慢慢地从每个同学的座位旁边走过，一边走一边说：“请同学们集中精力，注意嗅空气中的气味。”

然后，他回到讲台上，把苹果举起来左右晃了晃，问：“哪位同学闻到了苹果的味儿？”

有一位学生举手回答说：“我闻到了，是香味儿！”

苏格拉底再次走下讲台，举着苹果，慢慢地从每一个学生的座位旁边走过，边走边叮嘱：“请同学们务必集中精力，仔细嗅一嗅空气中的气味。”

稍后，苏格拉底第三次走到学生中，让每位学生都嗅一嗅苹果。这一次，除一位学生外，其他学生都举起了手。

那位没有举手的学生左右看了看，慌忙也举起了手。

此刻，苏格拉底脸上的笑容不见了，他举起苹果缓缓地说：“非常遗憾，这是一个假苹果，什么味儿也没有。”

心灵感悟

真理与谬误是邻居，如果不仔细认清门牌号，就有可能误入谬误之门。一旦找到了真理的通道，就应该坚持不懈地朝前通行。坚持真理就是在众说纷坛中不坠青云之志，坚持真理就是在人云亦云中岿然不动。

拥有一份正确的坚持，人生才会有智慧的闪光。

欣赏生活

在亚里桑那沙漠度过第一个夏天，斯蒂芬想自己会被热死的。华氏112度的高温快把人烤熟了。

第二年4月，斯蒂芬就开始为过夏天担忧，3个月的地狱生活又要来了。有一天，当他在凤凰城的一个加油站给车加油时，和主人希普森先生聊起这里可怕的夏天。

“哈哈，你不能这样为夏天担忧，”希普森先生善意地责备斯蒂芬，“对炎热的害怕只能使夏天开始得更早、结束得更晚。”

当斯蒂芬付钱时，他意识到希普森先生说对了。在自己的感觉中，夏天不是已经来了吗？开始了它为期5个月的肆虐。

“像迎接一个惊人的喜讯那样对待酷暑的来临，”希普森先生说着找给斯蒂芬零钱，“千万别错过夏天带给我们的最美好的礼物，而对夏天的种种不适，只要躲在装有空调的房间里就过去了。”

“夏天还有最美好的礼物？”斯蒂芬急切地问。

“你从不在清晨五六点起床吗？我发誓，6月的黎明，整个天际挂着漂亮的玫瑰红，就像少女羞红的脸。8月的夜晚，满天繁星就像深蓝色的海洋里漂浮的海星。一个人只有在华氏114度的高温里跳进水里，他才能真正体会到游泳的乐趣！”

当希普森先生去给另一辆车加油时，站在一旁的一位加油工轻声对斯蒂芬说：“好啊！你得到了希普森的特别服务——免费传授他的人生哲学。”

使斯蒂芬惊奇的是，希普森先生的话果然有效。他不怕夏天了，4月和5月也就自动与炎炎夏季区分开了。

当高温天气真的来临时，清晨，斯蒂芬在天堂般的凉爽中修剪玫瑰花；下午，他和孩子们舒舒服服地在家里睡觉；晚上，他们在院子里玩棒球游戏，做冰激凌吃，痛快极了。整个夏天，他还欣赏了沙漠日出特有的壮观景象。

几年之后，斯蒂芬一家搬到北部的克来兰德，不到9月，邻居们就为过冬担忧了。

当12月的大雪真的落下时，他们的孩子，10岁的大卫和12岁的唐真是兴奋极了，他们忙活着滚雪球，邻居们都站在一旁盯着看“这两个从没见过雪的愣头愣脑的沙漠小子”。

后来孩子们坐着雪橇上山滑雪去湖面滑冰，回来以后，大人、小孩都围坐在斯蒂芬家的壁炉旁，津津有味地吃热巧克力。

一天下午，一位中年邻居感慨万千地说：“多年来，雪只是我们铲除的对象，我都忘了它真能给我们这么多快乐呢！”

几年之后，他们又搬回沙漠。斯蒂芬开车到加油站，新主人告诉他希普森先生因年事已高把加油站卖了，在不远处又经营了一个小型加油站。

斯蒂芬开车到那儿，拜访希普森先生，并让他给自己加油。他更瘦了，满头银发，但是他那愉快的笑容依旧。斯蒂芬问他感觉怎么样。

“我一点儿也不担心变老，”他说着从车篷下走出来，“在这里光欣赏生活的美都欣赏不过来呢！”

他边擦手边说：“我们有三棵果实累累的桃树，卧室窗外还有一个蜂鸟窝，想想还没有我指头大的美丽的小鸟，看上去真像一只小企鹅。”

他开着发票，继续说：“黄昏时，长耳大野兔奔跑跳跃；月亮升起来时，小狼在山坡上成群出现。我从来没有看到有这么多野生动物在春天活动。”斯蒂芬开车离开时，他向斯蒂芬喊道：“去观赏吧！”

回家的路上，希普森这位可爱的老人的幸福秘诀一直回荡在斯蒂芬的脑际。是呀，尽管生活会给人带来种种烦恼，但重要的是，你要学会发现和欣赏生活中的美。

心灵感悟

昔日陶潜采菊东篱，怡然自得，孰不知南山在多数人眼里只是一派荒芜。为何同样的景致，有人看到了繁华，有人却身陷荒凉？这在于各人心境的不同。

生活原本平凡，有红花必有杂草，有乌云必有日头，这不可避免。但是，如果你善于发现，怀一颗欣赏之心，你就能找到生活的美，你就能悟到生活的味道。

最后一次考试

这是美国东部一所规模很大的大学毕业考试的最后一天。在一座教学楼前的阶梯上，有一群机械系大四学生挤在一起，正在讨论几分钟后就要开始的考试。他们的脸上显示出自信，这是最后一场考试，接着就是毕业典礼和找工作了。

有几人说他们已经找到工作了。其他的人则在讨论他们想得到的工作。怀着对四年大学教育的肯定，他们觉得心理上早有准备，能征服外面的世界了。

即将进行的考试他们知道只是轻而易举的事情。教授说他们可带需要的教科书、参考书和笔记，只要求考试时他们不能彼此交头接耳。

他们喜气洋洋地鱼贯走进教室。教授把考卷发下去，学生都眉开眼笑，因为学生们注意到只有5个论述题。

3个小时过去了，教授开始收集考卷。学生们似乎不再有信心，他们脸上是可怕的表情。没有一个人说话，教授手里拿着考卷，面对全班同学。教授端详着面前学生们担忧的脸，问道："有几个人把5个问题全答完了？"

没有人举手。

"有几个答完了4个？"

仍旧没有人举手。

"3个？2个？"

学生们在座位上不安起来。

"那么1个呢？一定有人做完了1个吧？"

全班学生仍保持沉默。

教授放下手中的考卷说："这正是我预期的。我只是要加深你们的印象，即使你们已完成四年工程教育，但仍旧有许多有关工程的问题你们不知道。这些你们不能回答的问题，在日常操作中是非常普遍的。"

于是教授带着微笑说下去："这个科目你们都会及格，但要记住，虽然你们是大学毕业生，可你们的学习才刚开始。"

心灵感悟

人最容易毁在骄傲自满的情绪里，特别是初出茅庐的年轻人，若不让他清醒地认识到自身的不足，则更容易栽跟头，因此，故事中教授安排的这最后一次考试，可谓发人警醒，意义非同一般。

有疤痕的苹果

吉姆是新墨西哥州高原上的果农，他和商家的条约是，每年自动将苹果装好，邮递给商家。

然而去年冬天，一场大冰雹袭击了高原，吉姆的苹果被打得伤痕累累。这可怎么办?吉姆发愁了，卖不出苹果就意味着农场要破产，但这样的苹果即使运了出去也可能被退货。

很快，吉姆就发现了冰雹袭击过的苹果的优点，虽然外表难看，但吃起来却比以往的更甜、更脆。他心中一动，决定冒险试一下。

和往年一样，吉姆把苹果装好箱，但他在每个箱子上多附了一张纸条，上面写道:“因为冰雹，这次的苹果表皮上有些伤痕，但请不要介意，这是它们在高原上生活的证据。

这些苹果经受住了高原风暴的考验，肉质更为结实，而且蕴含了一种独特的高原风味。”

因为好奇心，顾客们都挑了这种苹果尝一下，“味道果然更好吃”，大家毫不犹豫地进行抢购，伤痕苹果很快售光。

心灵感悟

坏事未必就是坏事，换一个角度，换一种思维，坏事就会变成好事。这就是生活中的辩证法。

三个旅行者

三个旅行者早上出门时，一个旅行者带了一把伞，另一个旅行者拿了

一根拐杖，第三个旅行者什么也没有拿。

等晚上归来时，拿伞的旅行者淋得浑身是水，拿拐杖的旅行者跌得满身是伤，而第三个旅行者却安然无恙。于是，前两个旅行者很纳闷儿，问第三个旅行者："你怎会没有事呢？"

第三个旅行者没有回答，而是问拿伞的旅行者："你为什么会淋湿而没有摔伤呢？"拿伞的旅行者说："当大雨来到的时候，我因为有了伞，就大胆地在雨中走，却不知怎么淋湿了；当我走在泥泞坎坷的路上时，我因为没有拐杖，所以走得非常仔细，专拣平稳的地方走，所以没有摔伤。"

然后，他又问拿拐杖的旅行者："你为什么没有淋湿而摔伤了呢？"

拿拐杖的说："当大雨来临的时候，我因为没有带雨伞，便拣能躲雨的地方走，所以没有淋湿；当我走在泥泞坎坷的路上时，我便用拐杖拄着走，却不知为什么常常跌跤。"

第三个旅行者听后笑笑说："这就是为什么你们拿伞的淋湿了，拿拐杖的跌伤了，而我却安然无恙的原因。当大雨来时我躲着走，当路不好时我细心地走，所以我没有淋湿也没有跌伤。你们的失误就在于你们有凭借的优势，认为有了优势便少了忧患。"

心灵感悟

有了依仗未必是好事。从这个故事中，我们才真正知道为什么纨绔子弟大多是败家子，而成大事者，大多皆出身于草莽的原因。

第四篇

上帝是公平的

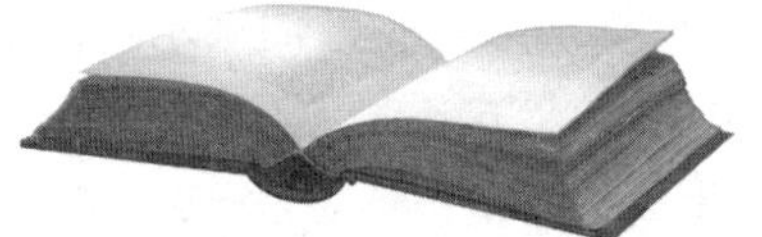

一个贫困生名额

那一年夏天，为了弥补家庭经济上的不足，我自作主张，在学校的贫困生申请表上签了字，想替父亲分担一些学费上的忧愁。学校有规定，一旦被确定成为贫困生，将会被免去全年的学杂费，而这些费用，足够我家一年的生活开支。

我和另一名叫做嘎子的学生以“准贫困生”被定为扶助对象。之所以称为“准贫困生’，是因为上头只拨下了一个名额，所以，在我和嘎子中间只有一人能正式成为扶助对象。学校派两名老师前往我们两家作调查，然后决定名额归属。

我和两位老师走在崎岖不平的山路上，这里寄托着我幼年的梦想，我真想有一天飞出这贫瘠的地方，到外面展示自己的才华。到我家时，已经是上午时分，父亲说：“今天早上喜鹊不停地叫，我就知道有贵客临门，欢迎老师来作家访。”我急忙对父亲说：“老师今天过来，不是作家访。”

我招呼老师坐下，然后把父亲和母亲拉进里屋，向他们详细说明我的申请和决定名额归属的事。我郑重地说：“只有一个名额，所以我们必须要抓住。”

父亲低头想了一会儿，然后问我：“那个嘎子家境如何？”

我说：“比咱家强不了多少，他父亲上山打柴折了腿，全靠母亲纺线过日子。”

父亲听了后，对我说：“这个名额我认为应该归人家，我们不能要。我们的家境比他强，况且我和你娘还能挣钱。”

我着急了，对父亲好说歹说。他骂了我一通，说我年纪轻轻的不学好。我觉得一肚子的委屈——自己本来是好意啊！

父亲到外面招呼两位老师，并转回头对母亲说：“娃他娘，今天有贵客，把家里的鸡杀上一只。”接着，他乐呵呵地对两位老师说：“没啥，只要孩子听话就行，关于学费的问题，我和娃他娘都认为不算啥事，我们有能力承担，请转告校领导。”

两位老师吃惊地望着父亲。我站在院子里，眼眶里都是泪水，真不明白父亲为什么会作出这样的决定。

娘在院子里抓鸡，几次都没有抓住，父亲过来帮忙，院子里一下子被弄得鸡飞狗跳。抓到后，父亲对两位老师说："家里每年都会养几十只鸡，足够生活开支了。"父亲还破例从井里取出放了十来年的老酒。那天，父亲喝得大醉。

那晚我没有回校，夜里醒来时，我听到父亲的咳嗽声和母亲的啜泣声。

一晃许多年过去了，这件往事随着父亲的病逝尘封在我的记忆里。直到我自己也做了父亲后，才忽然明白父亲的良苦用心，他是在用一种坚毅告诉我活着的一种坚强：贫穷却不卑微，善良而不自私。

心灵感悟

活着是一种尊严，坚强是尊严顶上最绚丽的光环。

先生

去校长家的时候校长正在喝酒。一个酒盅、一盘花生米、一瓶谷烧酒。

他说校长……校长眨了一下眼皮说："不用说了，我知道你是来交辞职书的，我知道你早晚要来的比我估计得要晚。"他说校长你看……校长说："不用说了，我知道庙小装不了大和尚，再说每个月几百块钱养不了老婆孩子，还经常拖欠，还老是捐款什么的。"他说校长那我……校长说："不用说了，你把辞职书放在桌上你就可以走了。"校长说："走一个老师、走两个老师都一样，再说剩的学生也不多了。"校长就挥挥手说："走吧走吧，我要喝酒。"

他就把辞职书轻轻地放在桌上。

他就看见校长沾着粉笔灰的手在抖，筷子老也夹不住花生米。

他就走出了山里，就坐上了咯嘣咯嘣的三轮车，就坐进了哐当哐当的火车一直向南。

挤进楼房、汽车、灰尘、人流、广告牌，他敲开了大大小小的门。

"先生您对电脑平面设计是否精通？"

"先生您对现代舞美形态有何独到创意？"

"先生您对推销高科技产品可有过人的绝招？"

"先生您的英语水平达到几级，是否可以和外商谈判？"

先生，先生，先生……

他对自己失望了、他把自己灌了个大醉，摇摇晃晃找到住处。

他就撞进了一家四面全是玻璃里面全是美女的屋子。

女老板说："先生您想舒服吗？看您喝了那么多酒。"女老板就喊了一声阿香！他就被一个叫阿香的女人扶进了里面只有一张床、密不透风的小间。阿香说："先生我给您泡了一杯茶解解酒。"他说："我不要茶我只要那个。"阿香悄悄让到了一边说："先生不是本地人吧？先生来这里干什么？"他说："你问这个干什么，我是山里人，你以为我不给钱是不是？我来这里想找一口饭吃。"阿香说："先生这里的饭不好吃，这里憋得人透不过气，哪赶得上山里的空气。"他就说："空气再好也不能当饭吃，钱才最重要。不为钱你会干这个吗？你到底做不做？"阿香就轻声说："先生我今天身子不舒服，先生对不起，我给你揉揉腰捶捶背。"他就任这个女人小巧的手捶着、揉着，其实他喝多了酒什么也做不了，他很快就睡着了。

先生，先生，先生。

阿香后来摇醒了他。他说："多少钱？"阿香说："先生您得给老板娘100块。"阿香就把他扶到了外边。老板娘接了钱说："先生以后再来啊。"他就被阿香送到门外，就听见阿香柔柔地说："先生好走哇。"

走在外面，红的灯、绿的灯、紫的灯打在他的脸上。他稍稍醒了酒，这才记起最后100块钱花掉了，他不知道该到哪里去。他就毫无目的在夜的街上走了许久许久，后来他困了，就去兜里摸烟，却摸到一个纸包。他有些奇怪打开纸包，里面却是600块钱，他吓出了一身冷汗，左右看了一眼，悄悄把钱塞回了兜里。

他在扔那包钱的纸的时候突然发现纸上有用铅笔写的浅浅的歪歪扭扭的字。先生您怎么来了这里？您怎么变成了这样？我是您从前在五十里岗的学生曾叶香，您肯定不记得了。因为我初中才念了半年就流学了，再说我现在的样子也变了。您回家去吧，那里有您的学生，您别做先生还做您原来的老师吧。这钱是我挣的，老师不要嫌弃，老师用它回家吧。

他浑身打摆子一样，握纸的手上上下下地抖。

心灵感悟

谁是先生？是那个通情达理的校长？是那个落入红尘的学生？在课堂之外的人生路口，哪里是迷人的歧途，哪里又是沧桑的正道，选择权其实是自己。其实，每个人真正的“先生”就是自己。

“你甭和迈克尔说话”

这幢黄色的大房子肯定是“街区发展中心”了。外面聚了一群小男孩都好奇地盯着我。就在本世纪初，这一带还被夸为本市最漂亮的住宅区呢。而现在则成了穷困潦倒的黑人居民区，人行道破烂不堪，门廊东倒西歪，宽敞的维多利亚式房屋早已被肢解成多到可以拥挤六户人家的小公寓。“街区发展中心”的这幢房子算是这一带唯一稍微像样的建筑物。

“你们好！”我对那些给我让路的孩子们打招呼说，“你们愿意和我画画吗？”

“不要玩画画那个东西，”一个八九岁的男孩快嘴回答道，“我们要游泳去。”

我早就料到不会受到热情欢迎，但孩子们的冷淡还是使我很不自在。我从来像此刻这样意识到：自己是个白人。

这时，街区发展中心的主任玛丽·克拉克走过来。我告诉她我是“义务行动署”派来的，给孩子教一小时美术。

玛丽的表情既没有敌意，也不表示友好。她只是告诉我孩子们已将桌椅板凳搬至后院，准备吃午餐用，因为室内太热，饭后孩子们要去游泳。

看得出来，是我的外表使她临时改变了计划。“那么我明天来好吗？”话虽如此，但我并不想这么做。我可以要求行动署另派美术教师来。

“不行。孩子们明天要去公园。既然你已经计划好了今天教，那就让他们上吧。我给你找一个学生干部把他们集合起来。”

她的这种牵强附会真使我感到窘迫。我告诉她说可以在室外上课。

一个叫彼得的学生干部拿来了彩笔和纸张。另一个班干部大声喊着：“集合喽！大家都去上美术课。不去不行，是玛丽说的。”

孩子们绷着脸，不高兴地坐下来，谁也不动纸和笔。我尽量摆出一副笑脸，同他们开玩笑，询问他们的姓名，征求他们喜欢画什么。但孩子们只是死盯着我，要么就是不礼貌地回答问题。

“我什么也不想画。”

“给我水彩！没有水彩让我怎么画？”

“我们本来要吃饭和游泳。谁干哄娃娃的事。”

对孩子们的这些话，我装作听不见。为了引起孩子们的兴趣，我先画了一棵古老庄重的大树，因为这些树算是该区可供画画的唯一可取素材。“我敢打赌：那边儿的那棵橡树比我们谁都出生得早。”我开玩笑地说。

一个男孩冲我一伸大拇指，突然说：“哪棵树也没有那个老太婆老。”话音刚落是一阵哈哈大笑。

我依然保持着镇静。“今天大家都来学怎样画树。慢慢画，不要把树画成棒棒糖了，也别画成了扫把。这不是哄娃娃。”

“我什么树也不想画。”一个大男孩说着就要走，又被彼得推回椅子上。“杰里，马上画树。其他人统统住嘴，画画！”

班干部都是奉命来协助我的，他们也尽了力。可孩子们只是胡写乱涂一气，有的刚画几笔就撕毁了，有的干脆叠纸飞机玩。接着他们索性故意折断彩笔，开始在院内乱跑起来。最后，每张椅子都空了。

只有一个男孩静静地站在我身旁，他约莫有12岁。我问他：“你愿意坐在这儿和我一块画画吗？”

“你甭和迈克尔说话，”彼得告诉我，“他是聋子。谁说话他都听不懂。”

直到此刻，我才完全泄了气，脑子里充满了敌意的想法。既然这群孩子不需要我，时间一到，我马上离开，再也不来了！

为了消磨时间，我动手画了一株弯曲多节的橡树。很快就有人在我对面坐了下来，是迈克尔。可惜不能同他谈话。嗯……或许可以。我冲他笑了笑，他也回我一笑。这是从一张机灵的面庞上绽出的无声的笑。

“迈克尔，你在画一棵树的时候就会发现，它和世界上所有的树都不一样。这就是它的特殊之处。”

迈克尔望了望那株橡树，然后又看看我的画。透过他那双褐色的大眼睛，看出来他十分感兴趣。

“当你感到生气或者难受时，如果你画一棵树的话，你的感觉一定会慢慢变化。一棵树也能作为朋友，它也想让别人看看自己。你先看到那一串串深绿色的树叶，透过它们又看到白云和蓝天。你就会认识到，这个世界有多么美丽。”

当然，和迈克尔谈话是徒劳的。我就权当自言自语罢了。其他孩子都不听我的话，而迈克尔至少还是安静的。我将一张纸和几支彩笔推到桌子另一端。迈克尔踌躇地选了一支绿色的彩笔，开始画起来。不一会儿，一棵树就成形了。

“好极了！迈克尔。”

他又笑了。这一次，我知道他确实理解了我在表扬他。而他也懂得了画树挺有趣，甚至令人兴奋。我再也不感到寂寞了。

我们俩继续画着。此时，孩子们一个接一个地都回到了桌子周围。

“嘿，快看迈克尔画的树！”“是他自个儿画的？”“老师没给他帮忙吗？”

迈克尔只是笑。

“喂，孩子们，快来呀！”彼得大声喊道，“你们谁能画这么好的树。伙计，画得不赖。”

迈克尔咧着大嘴笑了。他完全陶醉在料想不到的赞扬之中。

“再给我一张纸，”杰里着急地说，“我也会画树，比迈克尔画得还好。”

当时间已到要收拾桌椅准备吃午饭时，所有的孩子仍在聚精会神地画着，谁也不想停下笔来。“明天您还来吗？”他们都问。

“好的，明天我们一块儿去公园。我们还要带上画夹，画许多许多的树。大家一定会玩得很痛快，是吗？迈克尔。”

“他平常就待在这儿。”彼得答道。

“那么我们明天见。”

我将孩子们的画交到玛丽的桌上，有意把迈克尔的放在最上边。

“是迈克尔画的？”玛丽说：“他可是从不参加任何小组活动。你是怎么教他的？他什么都听不见，而且智力也很迟钝，所以他不同别人交际。”

“除了说话以外，人们还有其他方法沟通感情，”我有针对性地说，“明天我还想来同孩子们一起去公园。”

“你可以随时来。”玛丽说着，又瞧瞧迈克尔的画。“我实在怀疑那个孩子。”她若有所思地说。

我也惊讶。当迈克尔坐在我对面时，他知道我需要他吗？他知道我和他同样感到孤独与特别吗？我大概永远也不会明白，因为你不能同迈克尔交谈！

或许你能。

心灵感悟

交流让世界变得没有距离，而距离的拉近就能共享彼此的语言、呼吸和动作所产生的温暖。当面对一个陌生和冷淡的世界时，热情也许打不开局面，但总有一个突破口让整体气通脉顺。大胆地去尝试吧！

兄弟，我们不哭

第二次世界大战中的一次大战役中，盟军的一队伞兵因飞机偏航而误投绝境。他们被捕了。

在德兵的刺刀下，俘虏们做着苦役，身形憔悴，支撑他们的是盟军一定会打过来的信念。

眼看枪炮声一天天近了，德军脸上的乌云也越来越重了。一天黄昏，一阵急促的号子把俘虏们赶成一长排，周边是荷枪实弹的德国士兵，伞兵们一下子就明白了将要发生的事情。

一位年轻伞兵的手剧烈地颤抖着。他想起了爸爸妈妈，还有可爱的未婚妻。他的眼睛湿润了。一位老兵紧紧抓住了他的手：“兄弟，我们不哭！”

一瞬间，所有的伞兵一个接一个地把手拉在了一起。

天地无声，枪炮声突然响了。万分巧合的是盟军在这一刻发动了进攻，正义的枪弹压过了屠杀的子弹，一些伞兵幸免于难，其中有那位年轻的伞兵。后来，他随大军攻克了柏林，当他凝望着纳粹“卍”字旗降下时，他想起了那位拉他手的已牺牲的兄长。他噙着泪喃喃自语：“兄弟，我们不哭！”

已是反法西斯战争胜利50周年了，那种闪耀着人类光荣的精神，依然撼人心魄。

我们时常在攀高的路上摔倒，甚至从半山腰上滚落下去，但我们不哭，因为山还在，我们的青春和激情还在，那么，我们最终有征服它的时候，我们有最后笑的时候。

心灵感悟

人生中，很少有人面对死亡的威胁能够无比坦然。我们因此而害怕并不可笑，我们因此而流泪也并不可耻。当激情终于战胜了恐惧，当信心终于征服了死亡时，怯懦就变成了勇气，泪水就化做了笑声。

有一颗金子心的小泥人

上帝的身旁有一群泥人，他们的心是泥做的。某一天，上帝宣旨说，如果哪个泥人能够走过他指定的河流，他就会赐给这个泥人一颗永不消逝的金子般的心。

这道旨意下达之后，泥人们久久都没有回应。不知道过了多久，终于有一个小泥人站了出来，说他想过河。

“泥人怎么可能过河呢？你不要做梦了。”

“你知道肉体一点儿一点儿失去时的感觉吗？”

“你将会成为鱼虾的美味，连一根头发都不会留下……”

然而，这个小泥人决意要过河。他不想一辈子只做这么个小泥人。他想拥有自己的天堂。但是，他也知道，要到天堂，得先过地狱。

而他的地狱，就是他将要去经历的河流。

当小泥人来到了河边。犹豫了片刻，他的双脚踏进了水中。一种撕心裂肺的痛楚顿时覆盖了他。他感到自己的脚在飞快地溶化着，每一分每一秒都在远离自己的身体。

“快回去吧，不然你会毁灭的！”河水咆哮着说。

小泥人没有回答，只是沉默着往前挪动，一步，一步。这一刻，他忽然明白，他的选择使他连后悔的资格都不具备了。如果倒退上岸，他就是一个残缺的泥人；在水中迟疑，只能够加快自己的毁灭。而上帝给他的承诺，则比死亡还要遥远。

小泥人孤独而倔强地走着。这条河真宽啊，仿佛耗尽一生也走不到尽头似的。小泥人向对岸望去，看见了美丽的鲜花、碧绿的草地和快乐地飞翔着的小鸟。也许那就是天堂的生活。可是他几乎付出一切也不能抵达。上帝没有赐给他出生在天堂当花草的机会，也没有赐给他一双小鸟的翅膀。但是，这能够埋怨上帝吗？上帝是允许他去做泥人的，是他自己放弃了安稳的生活。

小泥人以一种几乎不可能的方式继续向前挪动着，一厘米，一厘米，又一厘米……鱼虾贪婪地啄着他的身体，松软的泥沙使他每一瞬间都摇摇欲坠，有无数次，他都被波浪呛得几乎窒息。小泥人真想躺下来休息一会儿啊。可他知道，一旦躺下他就会永远安眠，连痛苦的机会都会失去。他只能忍受，忍受，再忍受。奇妙的是，每当小泥人觉得自己就要死去的时候，总有什么东西使他能够坚持到下一刻。

不知道过了多久——简直就到了让小泥人绝望的时候，小泥人突然发现，自己居然终于上岸了。他如释重负，欣喜若狂，正想往草坪上走，又怕自己身上的泥土玷污了草坪的洁净。他低下头，开始打量白己，却惊奇地发现，他已经什么都没有了——除了一颗金灿灿的心，而他的眼睛，正长在他的心上。

他什么都明白了：天堂里从来就没有什么幸运的事情。花草的种子先要穿越沉重黑暗的泥土才得以在阳光下发芽微笑；小鸟要跌打、失去无数根羽毛才能够锤炼出凌空的翅膀；就连上帝，也不过是曾经在地狱中走了最长的路，挣扎得最艰难的那个人。而作为一个小小的泥人，他只有以一种奇迹般的勇气和毅力，才能够让生命的激流荡清灵魂的浊物，然后，照到自己本来就有的那颗金子般的心。

心灵感悟

小泥人所要过的河流，就像是我们每个人都必须经历的挫折和磨炼。渡过河流才能到达天堂，经历挫折和磨砺才能实现梦想。能够让泥人顺利过河，能够帮助人实现梦想的是勇气和毅力。面对必须经历的挫折和磨砺，你准备好勇气和毅力了吗？

勇敢者令人敬畏

波斯王薛西斯一世率领强大的军队从东边向希腊进军，他们沿着海岸行进，几天之后就会到达希腊。希腊由此而陷入危险的困境之中。希腊人下定决心抵抗入侵者，保卫他们的民众和自由。

波斯军队只有一个途径可以从东边进入希腊，那就是经由一个山和海之间的狭窄通道——瑟摩皮雷隘口。

守卫这个隘口的是斯巴达人——里欧尼达斯，他只有几千名士兵。波斯的军队比他们强大许多，但是里欧尼达斯充满信心。经过两天的攻击后，里欧尼达斯仍然守住隘口。但是那天晚上，一个希腊人出卖了一个秘密：隘口不是唯一的通路，有一条长而弯曲的猎人步径可以通到山脊上的一条小路。

叛徒的计划得逞了。守卫那条秘密小径的人受到袭击，并且被击败了。几个士兵及时逃出去报告里欧尼达斯。

面对如此严峻的形势，里欧尼达斯以大无畏的勇气制订了作战计划：他命令大部分的军队，偷偷从山里回到需要他们保护的城市，只留下他的300名斯巴达皇家卫兵保卫隘口。波斯人攻来了，斯巴达人坚守隘口，但是他们一个接一个倒下去了。

当他们的矛断裂时，他们肩并肩站着，以他们的剑、匕首或拳头和敌人作战。

一整天，所有的斯巴达人都被杀死了，在他们原来站立的地方只有一堆尸体，而尸体上竖立着矛和剑。

薛西斯一世攻下了隘口，但是耽搁了数天。这数天让他付出了极为惨重的代价。希腊海军得以聚集起来，而且不久之后，他们便将薛西斯一世赶回了亚洲。

许多年后，希腊人在瑟摩皮雷隘口竖起了一座纪念碑，碑上刻着这些斯巴达人勇敢保卫他们家园的纪念文：

“旅行者，先不要赶路，驻足追念斯巴达人，在此，如何奋战到最后。”

心灵感悟

斯巴达人的勇敢与强悍举世闻名，至今几乎成为勇气的象征。他们是一群真正的勇士，并没有辱没“勇敢”这个高贵的字眼。在人类的一切行动中，如果能让自己的勇气在保家卫国中派上用场，这是多么值得骄傲的荣耀啊！

落水者

有一天，拿破仑和一个侍卫策马扬鞭，驰骋过一片大森林。“救人！救人！有人掉进水里啦！”远处传来一阵阵紧急的呼救声。“啪！啪！啪！”拿破仑用鞭猛抽三下马，坐骑风驰电掣般地向呼救的地方奔驰而去。

赶到湖边，拿破仑看到一个士兵正在水里手忙脚乱地挣扎，尖叫着向湖中心漂沉，岸上的几个士兵则惊慌失措地大声呼喊。

拿破仑高声发话：“他会游泳吗？”

“他只能比画几下，现在已不行了。陛下，怎么办呢？”一个士兵惴惴不安地答话。

“别慌！”拿破仑马上从侍卫手里拿过一支步枪，并冲落水士兵大声吆喝：“你还往湖中心游啥，还不快向岸边游来！”话音刚落，他平端枪身，朝那人的前方连开两枪。

落水者刚听到拿破仑的命令，又听见“叭！叭！”两声枪响，身前溅起两朵水花。他在惊恐中急忙调转方向，“扑通扑通”地朝拿破仑所站的湖边游来。一会儿，这士兵便游到了岸边。

于是落水的士兵得救了，他浑身湿漉漉的，像一只“落汤鸡”。他转过身子发现持枪站在那几个士兵旁边的竟是皇帝，吓得魂飞魄散，忙连连拜谢：“陛下我不小心掉进湖里，幸亏您救了我。只是卑下不懂，我快要淹死了，您为什么还要枪毙我？”

拿破仑哈哈大笑：“傻瓜，不吓你一下，你还有勇气游上岸吗？那你才会真的淹死呢！”

士兵们拍拍脑袋，恍然大悟，朝拿破仑投去敬佩的目光。原来，拿破仑是用死来逼出士兵的求生意识，进而游回岸边，达到了救人成功的目的。

心灵感悟

对生的渴望，使落水者爆发出前所未有的潜能。当你像渴望生一样渴望成功时，成功往往就不是可望而不可即的事情。当我们向大阳奔跑的时候，一切畏惧和负重的影子就都被抛到身后了。

断然拒绝

隆美尔在波茨坦军事学院担任教官时，他教育儿子曼弗雷德道："要勇敢并不难，你只要克服第一次恐惧就行了。"

接下来父亲便一只胳膊下夹着一个很大的橡皮游泳圈，另一只手抓着儿子的手，把儿子带到游泳池边，让他爬上跳板的顶端后往下跳。这时儿子发现，理论与实际之间的差距实在太大了。

隆美尔把所有的军校学员都召集起来看着小曼弗雷德。这时儿子抗议说："我不想跳。"

父亲问："为什么？"儿子朝父亲大声嚷道："因为我珍惜自己的生命。你本来知道我不会游泳。"

父亲提醒说："自己带着游泳圈呢。"

"如果游泳圈炸了怎么办，"儿子这样问道。

父亲涨红了脸大声向儿子吼道："万一那样，我会跳下来救你的。"

儿子指着父亲的靴子说："可你穿着马靴。"

父亲回答说，如果有必要，他会把靴子脱掉的。儿子悻悻地说："那你现在就把它脱掉。"

父亲环视了一下他的学员，冷冷地断然拒绝了。

于是，儿子断然从跳台梯子上走了下来。

心灵感悟

怯懦者总会找到理由拒绝尝试新的事物。这样一来，他永远也不会克服第一次的恐惧，走出自我的局限。

猜一猜谁会成为伟人

位于新泽西州市郊的一座古老小镇上，教学楼最里面一间光线昏暗的教室里，26个孩子被编在同一个班。这二十几个孩子都有过不光彩的历史：

有人进过管教所、吸过毒，有一个女孩子甚至在一年里堕胎3次。家长对他们束手无策，老师和学校也几乎对他们失去了信心。

这时候，一个叫腓娜的女教师被安排担任这个班的辅导老师。新学期开学头一天，腓娜没有像以前的老师那样，首先对这些孩子训斥一顿，给他们来个下马威，而是给孩子们出了一道题：

有这样3个候选人，他们分别是——

A：迷信巫医，嗜酒如命，有多年的吸烟史。

B：曾经两次被从办公室里赶出来，每天要到吃午饭时才起床，每个晚上都要喝1公升的白兰地，而且曾经吸食过鸦片。

C：曾获国家授予的“战斗英雄”称号，有良好的素食习惯，有艺术天赋，偶尔喝点酒，青年时代从没做过违法的事。

腓娜给大家的问题是：

倘若我告诉你们，在上面这3人中间，有一位会成为名垂青史的伟人，你们认为最有可能的是谁？猜想一下，这3个人将来可能会有怎样的命运？

对于第一个问题，可以想象，孩子们一致把票投给了C；第二个问题，大家也几乎一致认为：A和B将来肯定不会有好的结局，要么成为人人唾弃的罪犯，要么成为需要社会照顾的寄生虫。而C呢，必定是一个品德高尚的人，肯定会成为伟大的人物。

然而，腓娜的答案却大大出乎孩子们的意料。“你们的结论也许符合一般的判断，”她说，“但实际上，你们都错了。这3个人大家都不陌生，他们是第二次世界大战时期的三个大名鼎鼎的人物——A是富兰克林·罗斯福，他身残志坚，是美国历史上唯一位连任四届总统的伟大人物；B是温斯顿·丘古尔，拯救了英国的著名首相；C的名字同学们也很熟悉，他是阿道夫·希特勒，一个夺去了几千万无辜生命的法西斯头目。”孩子们都听得目瞪口呆，简直不敢相信自己的耳朵。

“孩子们，”腓娜继续说，“你们的人生才刚刚迈出第一步，过去的错误和耻辱只能说明过去，真正能代表人一生的，是他现在和将来的作为，没有人会是完人，连伟人也会犯错。走出旧日的阴影吧，从今天开始，努力做自己最想做的事情，你们都将成为人人景仰的杰出人才……”

腓娜的这番讲话，使26个孩子一生的命运得以改变。多年过去，今天这些孩子都已长大成人，他们中有的做了法官、有的做了心理医生、有的当了飞机驾驶员。值得一提的是，当年班里那个最调皮捣蛋的小个子罗伯

特·哈里森，现在已经成了华尔街最年轻的基金经理人。

“原来我们都觉得自己已经无药可救，因为几乎所有的人都这样看我们。是腓娜老师第一次让我们认清这一点：过去并不是最重要的，重要的是如何把握现在和将来。”孩子们长大后这样说。

心灵感悟

有许多人都有不光彩的过去，有的甚至是失败的往事，即使是世界名人、伟人也无一例外。命运的熔炉在锤炼各种各样的人，但只有能经受住它考验的人们才能得以“出炉”。

希望的灯光

一艘小艇孤独地在大海中航行，克里是它的一名乘客。一连几天都是天高云淡，风和日丽。克里感觉自己是在夏威夷的近海度假，而不是漂泊在浩淼无边的大海上。

突然有一天风暴来临，船在风暴中损坏沉没了，大部分的船员和乘客都不幸遇难，克里侥幸获得一艘小小的救生艇而幸免于难，在大海上的暴雨和骇浪中，他的小艇就像一片叶子一般被吹来吹去，他迷失了方向，救援的人也没有找到他，于是，他离出事海域越来越远了。在孤独和绝望时，幸存的人往往会以为当场遇难反而是一种解脱。

等天色渐渐暗下来，饥饿、寒冷和恐惧一起折磨着他。他除了这赖以活命的救生艇之外一无所有，甚至连自己的眼镜也掉进了海里，高度的近视让他几乎看不清所有的东西。

他的心情灰暗到了极点，只能无助地望着天边，希望能够发现一些救他出苦海的东西。忽然，他看到了一片片灯光，在遥远的地方闪耀，没有什么比这更能让人激动人心的了，他奋力划着小船，向那片灯光前进，但是，灯光如此遥远，一直到天亮，他还没有到达。

但他现在不会放弃了，既然能从那里看到灯光，必然是因为有一座城市或者港口。他知道只要靠近了海岸线，就会有生存的希望，求生的欲望在他心中燃烧着，足以让他克服一切苦难和绝望。白天时，他几乎看不见

那希望的灯光，只有在夜晚，那片灯光才在远处闪现，像美丽的生命女神，在对他招手。

一天、两天、三天……饥饿、干渴、疲惫更加严重地折磨着他，每当他觉得自己快要崩溃了，就会想到远处的那片灯光，他又陡然增添了许多力量，继续前进。

已经不知过了几天了，他依然在向着那片灯光前进，直到他昏迷了，梦境里依然闪现着那片灯光。

而就在这天晚上，一艘经过的船只把他救了上来。当他醒过来时，他才知道，自己不吃不喝，已经在海上漂泊了10个昼夜。当有人问他是怎么样坚持下来的时，他指着远方的那片灯光说："是那片灯光给我带来了希望。"

大家顺着他的手指望去，哪里是什么灯光啊，那只不过是天边闪烁的星星而已！但无论如何，他已战胜了死亡，可以随心所欲地到达任何一个城市和海港了。

心灵感悟

在困境中，真正能够把你救出苦海的，往往只有你自己。而在现实中，往往会有人主动放弃自救，因为他在困境中看不到希望，看不到目标，也就失去了坚持下去的决心和信心。所以无论是谁，无论是否处于灾难当中，最重要的是先确定一个奋斗的目标，这个目标会成为你生命的灯塔。

不屈不挠的米契尔

米契尔曾经是一个十分不幸的人。由于一次意外事故，他身体65%以上的皮肤烧坏了，为此他动了16次手术。

手术后，他无法拿起叉子，无法拨打电话，也无法一个人上厕所，但以前曾是海军陆战队员的米契尔，从不认为他被打败了。他说："我完全可以掌握自己的人生之船，我可以选择把目前的状况看成倒退或是一个新起点。"6个月之后，他又能开飞机了。米契尔为自己在科罗拉利亚买了一幢维多式的房子，另外还买了房地产、一架飞机及一家酒吧。后来他与两个朋友合资开了一家公司，专门生产以木材为燃料的炉子，这家公司后来变成佛蒙特州第二大私人公司。

在上述意外事故发生后的第4年，米契尔所开的飞机起飞时又滑出跑道，把他胸部的20块脊椎骨全压得粉碎，腰部以下永远瘫痪！“我不解的是为何这些事老是发生在我身上，我到底造了什么孽，要遭到这样的报应？”米契尔说。

米契尔仍旧不屈不挠，日夜努力使自己能达到最高限度的独立自主。他被选为科罗拉多州孤峰顶镇的镇长，从此致力于保护小镇的美景及环境，使之不因粗暴的开采而遭受破坏。米契尔后来还竞选国会议员，他用一句“不只是另外一张小白脸”的口号，将自己难看的脸转化成一项有利的资产。

尽管面貌骇人，行动不便，米契尔却坠入爱河，且完成终身大事，也拿到了公共行政学硕士学位，并继续他的飞行活动、环保运动及公共演说。

米契尔说：“我瘫痪之前可以做10000件事，现在只能做9000件，我可以把注意力放在我无法再做的1000件事上，或是把目光放在我还能做的九千件事上，告诉大家我的人生曾遭受过两次重大的挫折。如果我能选择把挫折拿来当成努力的借口，那么，或许你们可以换一个新的角度，去看待一些一直让你们裹足不前的经历。人可以退一步，想开点，然后你就有机会说：“或许那也没什么大不了的！”

心灵感悟

在遭遇不幸的时候，我们不要一味地抱怨命运。因为世界上还有许多比我们更为不幸的人，而且他们比我们表现得要好上几十倍。我们要知道，是什么能让他们如此坚强？一方面，是对未来的信心；另一方面，是对人生的态度；第三个原因，是他们不愿对命运低头，从哪里跌倒，就从哪里爬起来。这难道不是勇士的行为吗？

高大的枫树

由于经济破产和固有的残疾，人生对伯特伦来说已索然无味了。

在晚冬的一个晴朗日子里，伯特伦找到了杰克逊牧师。杰克逊现在已

被疾病缠身，去年脑溢血已经彻底摧残了他的健康，并遗留下右侧偏瘫和失语等症。医生们曾断言他再也不能恢复语言能力了。然而仅在病后几周内，他就努力学会了重新讲话和行走。

杰克逊耐心听完了伯特伦的倾诉。“是的，不幸的经历使你心灵充满创伤，你现在生活的主要内容就是叹息，并想从叹息中寻找安慰。”他闪烁不定的目光始终燃烧着伯特伦，“有些人不善于抛开痛苦，他们让痛苦缠绕一生直至幻灭。但有些人能利用悲哀的情感获得生命悲壮的感受，并且对生活恢复信心。”

“让我给你看样东西。”他向窗外指去。那边矗立着一排高大的枫树，在枫树间悬吊着一些陈旧的粗绳索。他说：“60年以前，这儿的庄园主种下这些树卫护牧场。他在树间牵拉了许多粗绳索。对于幼树脆弱的生命，这太残酷了，这种创伤无疑是终身的。有些树面对残忍的现实，努力与命运抗争；而另外一些树只会消极地诅咒命运。结果就完全不同了。”

他指着那棵被绳索损伤已尽枯萎的老树：“为什么那棵树毁掉了，而这一颗树已成绳索的主宰而不是其牺牲品呢？”

眼前这棵粗壮的枫树看不出什么可怕的疤痕，所看到的是绳索穿过树干——几乎像钻了一个洞似的，真是一个奇迹。

“关于这些树，我想过许多，”他说，“只有体内强大的生命力才可能战胜绳索那样终身的创伤，而不毁掉宝贵的生命。”沉思了一会儿后，他说：“对于人，有很多解忧的方法。在痛苦的时候，找个人倾诉，找些活干。对待不幸，要有一个清醒而客观的全面认识，尽量抛掉那些怨恨、妒忌……情感负担。有一点也许是最重要的，也是最困难的：你应尽一切努力愉悦自己，真正地喜爱自己。”

心灵感悟

体内强大的生命力使枫树战胜了绳索那样终身的创伤，那么人类呢？面对不幸与痛苦，除了叹息、怨恨，我们更应做的是抛开痛苦，恢复生活的信心。生命力是青山，留得青山在，还怕不能燃烧出热烈的火焰吗？

峭壁下的奇迹

1989年5月27日，星期六。美国科罗拉多州西南部的古老矿城特鲁莱德城外洛基山上空是一片蔚蓝的晴天，西部各地的岩壁攀登者都被吸引到这儿，来到13000英尺的山峰上磨砺他们的登山技能。

34岁的凯蒂娅也来了，她曾开办过一所登山学校，现在是位急救护士。与她同来的是里克·哈奇。里克34岁，是位推销员，也是登山爱好者。奥斐峭壁的难以攀登是出了名的。它的正面是花岗岩，向前突出有几百英尺高，其上只有一些可以支撑得住一个攀登者体重的手坑。到了下午两时半，凯蒂娅已攀登完毕。里克在爬着最后一段距离，她则把他的绳子系牢在地面上,但她并没有觉察到一阵狂风正以每秒50米的速度扫过崖顶。

“石头!”里克突然发出急促的警告，她一下子警觉起来。里克已经平伏着身体紧贴在花岗岩上，躲避着石崩。垃圾筒大小的巨砾正在峭壁上轰然坍下，在凯蒂娅身前身后纷纷炸裂。

凯蒂娅跳起来疾速跑到左边。说时迟那时快，随着劈啪一声巨响，一块巨石从奥斐山崖的正面崩弹开来，猛然砸在凯蒂娅的左腿后部。那冲击的力量一下子把她抛到离地5英尺的空中，像车轮般翻滚着，鲜血喷溅而出，在她身体周围飞散。

最终凯蒂娅坠落在一块锯齿形的山嘴上，感到左腿像火烧般疼痛。她向身下望去，一下子瞥见两根断了的骨头从膝盖下伸出来，她的半条腿没有了。里克迅速爬过来，这时凯蒂娅四处张望寻找她的断腿。她发现断腿就近在她身体左侧,与膝盖之间仍然有一块一英寸宽的皮条和肌肉条相连。

凯蒂娅猛然间意识到：我可能因此而死掉。作为护士，她知道一旦腿动脉开了口，流血致死那是只消数分钟的事。她驱散这些念头，集中精神考虑如何活下去的问题。

凯蒂娅强忍着剧痛，小心翼翼地将那截几乎与躯体完全分离的下肢捧起来，清理着。它摸上去很古怪——软软的，暖暖的，感觉不到那是属于自己身上的东西。

里克此刻正在她身旁，眼睛里充满了恐惧。

"我们需要用止血带把腿绑住。"她叫喊着。

里克爬过碎石堆，取来一些他曾用来爬山的尼龙带子。

"等一等，"凯蒂娅说，检查着伤口，"这仅仅是静脉沁出的血。"希望从她心中涌起：我的动脉一定是被扯出来挟在大腿里面掐断了，她想，我得要让膝盖保持有血流通。

体重160磅的里克长得瘦长结实，体质强壮，他把凯蒂娅抱了起来。

"别担心，"他说，"我不会离开你，我会自始至终帮你渡过这个难关。"

里克一边挣扎着走下山间小径，一边强制着自己不去注意凯蒂娅那条可怕的断腿。那断腿紧抓在凯蒂娅手中，离他的脸只有8英寸远。

凯蒂娅看见他脸上掠过害怕的神色，就说："里克，如果我休克或昏倒了，你需要做这些事……"她向他作了详细的说明，希望能分散他心中那种认为她将死在他怀里的念头。

他们走到一个四分之一英里长、布满石砾的陡峭山坡，即使没有什么累赘，这样的地形也是很难越过的。里克把约15英尺左右该走的每一步都预先在脑海中排练一次。

他终于精疲力竭了。汗水混合着凯蒂娅的血湿透了他的衬衣。他的心跳加速，又因为地势高而气喘吁吁。这是他体力耗费最大、最为艰难的一次经历。然而，只要他一想到怀中这位女性的坚忍刚毅，就能鼓起更大的勇气驱策自己向前迈进。

到下午3时半左右，里克走出了山间小径，另一位目击那场石崩的登山者正在那儿，身边有辆卡车，里克把凯蒂娅举上了车子后部。卡车飞速驶过公路，每一下颠簸都使凯蒂娅遭受像电击般传遍全身的痛苦。里克竭力宽慰她，同时让她的腿保持成一条直线，好让那还连在一起的肌肉不被撕断。20分钟后，在特鲁莱德区医药中心，值班护士帮着里克把凯蒂娅放置在急救台上。

一些刚刚接受培训的护士，从未见过这么严重的伤势。当凯蒂娅看到她们吓得脸色灰白，就担当起指挥员。"我是急救护士。现在你们即将要着手给我进行静脉注射。"她伸出双手，紧握拳头以便使血管暴露，"用16号针头，在肘弯前注射。注入掺有乳酸盐的林格溶液，越快越好。每隔5分钟你们得给我量一次血压。"

凯蒂娅需要先进的医药治疗，医生决定把她送到格兰庄逊的圣玛丽医院——凯蒂娅工作过的一间医院。此时医生所能做的工作，就只是在她的大腿上加个套箍，因为一旦那里的动脉松驰下来敞开了断口，凯蒂娅几分钟后就会送命。

这一个小时之内，凯蒂娅的情况稳定。随着最初的麻痹渐渐消失，神经末梢变得较为敏感，疼痛更为加剧了。“喊叫一下吧，没关系的，凯蒂娅。”周围的人鼓励她说。但是她仍是一声不哼。

大约下午5时，她被小心翼翼地安置上了空中救生直升飞机。在飞往圣玛丽医院的途中，凯蒂娅一直在考虑下一步该采取的措施。看到里克和自己在一起，她很高兴。

飞机到达目的地，急救室工作人员做好了外科手术准备。当戴维·费希尔大夫赶来时，凯蒂娅看着他的眼睛问道：“你能保全我的腿吗？”“不。”他说。“那么截肢位置取到膝盖以下。”

费希尔大夫没有回答，但是在手术中他意外地发现那截下肢是温暖的：腿的两部分都有可修复的动脉。“这一位年轻女士很幸运，”他对同事们说，“她还有机会再用自己的腿走路。”

几个小时以后，里克坐在凯蒂娅手术后住的特别病房中。又过了几小时，当凯蒂娅苏醒过来时，她一时间竟想不起身在何处，所为何事。当疼痛袭来时，那可怕的回忆复活了。一阵不祥的预感使她打了个寒噤，低头向脚下望去，脚趾头是整整十个！“看哪！”她欢快地说，知道自己又有了一个拼搏的机会。

凯蒂娅每天得有两次泡在旋涡浴中清洗伤口。接下来的几个月里，先是在圣玛丽，后来是在丹佛，经受了半打手术，修复那失掉的肌肉和皮肤。医生还从她的右腿取了一段血管来造她左腿的动脉。其间，里克每天昼夜24个小时都和她在一起。

凯蒂娅装上了一个类似腿支架那样的金属框架。每天她都得强行把支架延伸一毫米，让柔软的肌肉组织、神经、动脉、静脉和皮肤在骨头生长的同时得到伸展拉紧。

所有这一切努力都不能说必定保证生效，然而她的腿和脚已经有了感觉。也就是说，有了希望。

在整个阶段中，里克，一个她几乎不了解的人，一直伴随在她的身旁。她留医的头4个星期内，他就在她床边的一张椅子上过夜。在她床头上，总会有一株白玫瑰。这一切令她想起他在山间小径上说过的话：“我会自始至终帮你渡过这个难关。”

心灵感悟

天赋生命，自有其神奇之处——或百折不挠，或永不言败，或奔流不息……如果惧怕前面跌宕的山崖，生命就永远只能是死水一潭；相反，如果你勇敢面对，对所遭受的磨难予以迎头痛击，你就可能创造生命的奇迹！

我在终点等你

11月一个清冷早晨，晨光微熹，我走上纽约纳罗斯桥的上层车道。桥上交通已封锁，我望着宽广的桥面，心想："天啊，我是否太不自量力了？"

一年一度的纽约市马拉松赛就要开始，我是第一次参加。全程42.16公里，要跑遍纽约市所有5个区，终点在中央公园。我与阿奇里斯残障人士竞赛会里的几名队员一同参赛。我们这组人或拄手杖，或用义肢，甚至坐轮椅参加比赛，需要较长时间跑完全程，所以比别人早出发。

我患有多发性硬化病。那是种神经退化病，医学上查不出原因，也不知如何治疗，更无法预测会有什么症状或什么时候出现症状。我日后也许会失去视力或说话、走路的能力。

15年来，我遵守医生规定，放弃了从事剧烈体力活动的念头。我最花体力的运动就是从我住的公寓来回地下火车站。很幸运，我的情况没有恶化，虽然要靠手杖维持平衡，却仍能走路。

我要再做从前的我，这是我强烈的人生愿望。

我必须立一个目标，一个不惜代价去达成的目标。我决定参加纽约市马拉松赛。

1988年初，朋友听说我想参加赛跑，都笑我。同事管我叫葛瑞特，指的是得到过8次纽约市马拉松女子冠军的挪威好手葛瑞特·怀兹。同事问我，赛跑途中如何使观众不会误认我是葛瑞特，我回答："很简单，只要挂个牌子，上面写：我不是葛瑞特，就行了。"

因此，现在我戴了一条缀有"我不是葛瑞特"字样的白围巾参赛。

起跑号响了，我们出发。有的人转动轮椅前进，有的人跳跃向前，总之，每个人都有自己的方式。几小时后，我们跑了几公里，路旁的观众多了起来。跑了约15公里，男子组领先的跑手赶上了我们。我们离开路面让他们先过去，以免被撞倒受伤。

他们跑远后，女子组领先的跑手又到了，跑在最前头的是葛瑞特·怀兹，动作高雅矫健。我站在边上为她加油。第一批好手过去之后10分钟，惊天动地般跑来了两万人，连路边的人行道也为之震撼。我从没料到这么一大股人潮从面前冲过会令人有如此强烈的感受。此中不知有多少心愿和毅力，而我是其中一分子。

午夜1时57分，我终于抵达终点，花了19个小时57分钟。我举起右手，振臂高呼，像个沙场胜利者。

我的第一次马拉松是葛瑞特·怀兹的第9次，也是她最后一次得到冠军的比赛。葛瑞特所创造的9胜纪录也许永远无人能打破。我心想，我大概再也见不到她了。

5年后，阿奇里斯残障人士竞赛会创办人狄克·特劳姆邀请到葛瑞特来参加年度晚宴，并且安排我坐在她的旁边。我们俩都不好意思开口，要不是特劳姆介绍，我们俩也许会一直静静坐着。真正吓我一跳的是葛瑞特居然知道我是谁。她对有人愿意连续跑20个钟头十分吃惊，因为她知道跑2小时25分钟已经累得要死。

我们很谈得来，一下子就聊开了。我还戴了那条“我不是葛瑞特”的围巾去，因为本来要在晚宴中说这件事。不过我告诉了葛瑞特另一件事。

我参加马拉松赛的第一年，纽约有家报纸拍下我抵达终点的照片，刊在葛瑞特大照片的下方。第二天早上，我拄着拐杖上了一辆计程车，司机看了看我，就以浓重的布鲁克林口音说：“嗨，我知道你是谁，今天的报上有你。你是那个赛跑的，赢了马拉松的那个，叫哥蕾德什么。”

我说：“我不是葛瑞特……我是她妹妹。一般人常弄错，以为我是她。”

“是嘛，”他说，“我就看你像极了她。”

葛瑞特觉得这件事有趣极了。那天是我第6次马拉松赛的前几天。她问我：“谁在终点记录你的成绩。”我告诉她没有人：“我会自己报上成绩，然后领取完成比赛的纪念奖牌。”

葛瑞特说：“我认为终点应该有人在。”接着她说出令我大感意外的话：如果我同意让她来做这项工作，她“深感荣幸”。

我对她直说，我无法确定什么时候抵达终点。她说：“多久都没关系。

你跨越终线时，我一定在那儿等你。”

不久前我体内长了一个纤维瘤，顶着我的膀胱和脊椎，令我行动时有点不适，这次马拉松我估计要28小时才能跑完。

清晨6时，葛瑞特到了终点线。我朋友告诉她，至少还有1小时我才会抵达，还说我不会有奖牌了，因为有人偷走了一盒奖牌。

“一定要给她奖牌。”葛瑞特说完就奔出中央公园，跑回旅馆叫醒丈夫，他曾参加前一天的比赛。她说：“把你的奖牌给我。有人比你更需要。”葛瑞特拿了奖牌，立刻跑回终点处。

这时我还在几小时路程之外，可是葛瑞特一直耐心等待我到达。我终于转了最后一个弯，进入中央公园，继续跑最后的350米。首先进入眼帘的是有两个人拉着横带站在终点处。接着我看见了等在横带后面的葛瑞特。她认为我在这场赛跑中应该获得与优胜者一样的待遇。

我冲过终点，葛瑞特把奖牌挂在我的颈项。我们互相拥抱，两人都激动地啜泣起来。此后她每年都在那儿等我。

这几年来，我们常一同前往纽约市各地学校，向孩子们说明我们怎样在各自的领域内得到胜利。一个谈的是如何努力不懈，如何取得成功或虽败而不气馁；另一个就是我，谈的是如何达到个人的重要目标，获得同样的满足感。

有些孩子从不敢想象胜利的滋味。葛瑞特和我让他们知道，就像贴在我卧室墙上的海报所说的：“竞赛并非只属于身手敏捷而强壮的人，也属于坚持不懈的人。”

心灵感悟

拥有梦想，并为之坚持不懈的人，一定能顺利实现他的目标。

坠落过程

那天，她从菜市场买完菜回来，走到距离自家楼房的马路那边，突然看见3岁的儿子正爬到没有栏杆的阳台上。

那是一幢三层建筑物。按最迅捷的速度计算，从楼下跑到楼上，尚需一段时间，何况她当时还在马路的这一边，根本没有选择的余地去抱下儿子。

她的心猝然悬在嗓子眼儿，紧张得窒息了一般。她清醒地意识到儿子一旦跌下来的最终结果：即使不摔成肉饼，也会摔个头迸脑裂！她像一尊泥塑木雕，立在那里痴傻了一般。

在她看见儿子的同时，儿子也惊喜地发现了她。她下意识地摆摆手，示意儿子赶紧爬下阳台，离开危险地段。

可是儿子却错误地理解了她手势的意思，作一个拥抱的姿势向她扑来——儿子一脚踩空，跌了下来——

"儿子——"

在那一瞬间，她的一声杜鹃啼血式的尖利呼喊，宛若鹰隼的长喙，扎破了所有人的耳膜；又如一只小鸟，扑打着银白色的翅膀，剑一般划破了城市的晴朗上空。所有的行人和车辆，立时便都像患了一过性的意识丧失，刀切般地定格在那里。就在这短短的时间里，人们似乎都看见了她的儿子所处的绝境。有人痛苦地闭上了眼睛；有人眼睁睁看着她的儿子在空中划一道优美的弧线，若一只翻飞的小燕子，倒栽着跟头跌下来。人们知道那个场面将惨不忍睹，个个都埋下了头。

但谁也不会想到，就在他们闭上眼睛的一刹那，却有一道黑色的旋风，从他们眼前呼啸而过，绕过所有的障碍物，穿过一条十几米宽的马路，向她的儿子坠落的地方冲去。

当人们愣怔过来的时候，发现她正跌坐在地上，三岁的儿子在她的怀里哇哇大哭。

儿子安然无恙。

她却脸色惨白。

这时好奇的人们纷纷围拢上去，问长问短。有的对她惊叹不已；又有的对她表示怀疑。因为按照距离和坠落速度，她根本不可能赶到并稳稳接住。可是当时的现场，除了她又没有第二个人——不是她，还会是谁呢？

当人们再三询问时，她却嘴唇乌紫，汗珠涔涔，蓦然昏厥过去。在众人的积极抢救下，她才苏醒过来。

人们坚信是她救下儿子，确定无疑了。

多少天来，人们一直对这件事情非常感兴趣，街谈巷议，沸沸扬扬。

后来，市电视台知道了这件事，决定以《母子情》为题，拍摄一部反映社会伦理教育的片子。

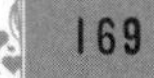

导演循着人们提供的线索，找上了她的家门。再三央求，却遭到她的满口拒绝。导演又提出给她一笔丰厚的拍摄酬金，她仍是闭口缄默。街道居委会的人也对她进行苦口婆心的劝说，她思忖良久，才没带任何条件地答应下来。

导演请来了特技设计师，依照她的儿子制作了一具形态逼真的模型。可是在投拍的时候，怎么也达不到预期效果。尽管她拼命冲刺，气喘吁吁，总是距模型坠地的好长一段时间才能赶到。导演很着急，试拍了几次都没有成功。后来干脆又找来一名运动员作为她的替身演员。但运动员使尽浑身解数，仍是不遂人意。

人们永远没有看见那个真实的坠落过程。

心灵感悟

人的潜能到底有多大？这是一个非常迷人的话题。可惜的是，人的许多潜能是不能预测的，也是无法复制的。正因如此，人的潜能才披上了一件神秘的外衣，才让人“沸沸扬扬”，才让那些“好事者”有许多事可做！《坠落过程》叙述的故事虽与人的潜能有关，但它真正打动读者的却是“母爱”两个字。《母子情》的导演没能如愿，这从反面证明：母爱是伟大的，母爱是神奇的！奇迹是用真情打造的！任何“逼真”的虚假都与“奇迹”无缘。

赎罪

从记事起，我就一直被另一个人抚养。他不是我的父母、兄弟或是什么亲戚。他只说，他是我的监护人。

3024年，我6岁，他36岁，他还很年轻。我刚上学，他每天都接送我上下课。每次看到我时，他都会发出一声叹息。

3028年，我10岁。有一天，我坐在他车的后座上，似乎他有着心事。“什么事？”我问。

“没什么。”他说。但我清楚地听到了一声无力的叹息。

3032年，我14岁，他44岁。我看见他的头上已有白发，我想去拔，

但他阻止了："不用了，拔了会更多，反正还会重新长。"

我住了手，问他："叔叔，我是怎么到你家的？"

"我领养的。"

"你不愿意领养我吗？"

"不对。"

"那么为什么每次看到我，你总是叹气？"

"没什么，一定是你听错了！"

3033年，我15岁，他45岁。老师带我们参观"科学生命技术馆"。

"这是一个人类胚胎，"老师说，"用基因完全复制与记忆，可以造出一个人，拥有记忆母体的生命，叫做克隆，但比上个世纪，已有了很大进步。"

"那么它可以复制出另一个我吗？"我好奇地问。

"是的，可以。"

晚上，我将白天参观的所见所闻，包括看见人类胚胎的事告诉了他，但他只是含糊地唔了几声，就没再说话。

3036年，我18岁，考上了"生命研究大学"。他很高兴，那天，他带我去了人类最后一片绿色花园，人类最后一个有植物的地方。我记得他已经48岁了，他的白发已从后面弥漫到前面，进攻速度极快。一晃，18年过去了，我长大了，他则变老了。

"这全是用保存下来的植物，因复制的植物。"他说，"你以后研究的就是这个方向。"

3040年，我22岁，从大学毕业。4年不见，他又老了许多，皱纹已经无情地吞噬了他的青春，爬上了他的眼角，他看上去很老了。

"没有一个人活着能超过六十岁，"他说，"也许我快死了。"

我感到有些伤感，但流不出泪，因为400年前的核战争将这个世界上大部分氢离子变成氦离子。而人类身体中所有的泪腺、汗腺或是浪费水分的部分都退化了，人类世界成了无泪之城。

"不，你会与我一起活下去的，一定会的。"

"不，不可能，这是法律，你改变不了的。世界上没有一个人能改变。"

3041年，在生命研究院，我拥有了一份不错的工作。我现在知道，人类现在对抗自然的唯一武器就是生命技术与基因修改。人类从古老的植物标本与复制基因片中，重新使早已灭绝的小麦活过来，并使之成为人类的主食。可怜的人类只有不多的几样食物，因为大部分生物在400年前的核

战争中灭绝了。

3047年，他59岁，我29岁。我们终于将几样远古生命复活了。现在，人类唯一可以依靠的东西，就是生命技术了，能源的枯竭，使我们唯一可用的东西就是太阳能。而化工早已停办——没有了原料。

“人类曾臣服自然，后征服自然，改造自然，但最后被自己改造的自然打败。”他说，他的生命到了尽头。

在他60岁生日前一天，他消失了，无影无踪，不再有任何踪迹。

他的生日那天，一个身着GLO的人找到我。GLO是一个全世界最大的生命研究组织。

“你的义务，抚养曾经抚养你的人。”他说，“‘他’将被基因复制，拥有与以前一样的生命，但‘他’的记忆将被抹去。你必须接受，3个月后你到我们那领取复制的‘他’，这是法律所规定的：人类形成相差30岁的两个群体，用基因复制对方并抚养对方到22岁，60岁为必须死亡的日子，以保持人口数量。”

“原来GLO就是干这个的。”我说。

“是的，这是使人类能够存活下去的唯一方式，在四百年前的核战争后100年，人类的数量剧减至10万。为了使人类还能活下去，这是最好的方式，以使人口不至于减少——核污染使几乎所有人都无法生育。而同时，必须节省食物与一切资源，所以，我们只有尽一切可能，压缩人口，又保持人口平衡。”

3个月后，从GLO那儿我领走了幼年的“他”。“他”才3个月，在我的手上，还沉睡着。

奇怪的是，我每次看见“他”，都会发出一声叹息。

“他”15岁时，有一天回来，告诉我，“他”今天去了“科学生命技术馆”。

我知道总有一天，“他”会知道的，知道一切的真相。

“他”对生命技术特别感兴趣。上大学时，“他”也选了生命技术与基因专业。

一晃多年过去了。有一天，我发现是3077年了，我59岁了。

“也许，人类的复兴要很多年。”我说，“希望一代代人类能够活下去，才能使这个世界回到几千年前的环境。”

“那么，需要许多代人的努力。”“他”说。

“正因为如此，才会有你我。”我说。

60岁生日的前一天，两个GLO的人进入我的房间。

“好了，你的60岁生日快到了，走吧。”他们说。

我知道等待我的是什么。我没有反抗，也没有说话。我跟他们走了。

GLO的实验室里，在60岁生日的那一天，我进入了一个密闭的容器。我感到了空气的离开，大脑一片空白，已几乎无法呼吸，但我知道，我还会回来，一定会。

这是核战争结束的第400个春天，“他”看见花开了吗？

心灵感悟

多年来，核问题一直是一个令世人瞩目的全球化问题，这篇小说的作者就此展开了丰富的想象，虚拟了一场史无前例的核战争。这场战争几乎摧毁了自然界中的一切动植物，当然也包括发动这场战争的人类自己。小说描述的正是在核战争发生400年后，人类的生存困境。我们看到连人类正常的繁衍生息都不得不用克隆技术才能完成，这无疑是人类的一场灾难。引用小说里的一句话就是：“人类曾经臣服自然，后征服自然、改造自然，但最后被自己改造的自然打败。”好在，人类在困境面前终于认识到了过去的错误，努力做着各种补救和研究，进行着赎罪，这应该是一种希望吧！

有一个人可以帮你

一个经理，他把全部财产投资在一种小型制造业上。由于世界大战爆发，他无法取得他的工厂所需要的原料，因此只好宣告破产。金钱的丧失，使他大为沮丧。于是，他离开妻子儿女，成为了一名流浪汉。他对于这些损失无法忘怀，而且越来越难过。后来，他甚至想要跳湖自杀。

一个偶然的机会，他看到了一本名为《自信心》的书。这本书给他带来勇气和希望，他决定找到这本书的作者，请作者帮助他再度站起来。

当他找到作者，说完他的故事后，那位作者却对他说：“我已经以极大的兴趣听完了你的故事，我希望我能对你有所帮助，但事实上，我却没有能力帮助你。”

他的脸立刻变得苍白。他低下头，喃喃地说道："这下子我完蛋了。"

作者停了几秒钟，然后说："虽然我没有办法帮助你，但我可以介绍你去见一个人，他可以协助你东山再起。"刚说完这几句话，流浪汉立刻跳了起来，抓住作者的手，说道："求求你，请带我去见这个人。"

于是作者把他带到一面高大的镜子面前，用手指着镜子说："我介绍的就是这个人。在这个世界上，只有这个人能够使你东山再起。除非你坐下来，彻底认识这个人，否则，你只能跳到密歇根湖里去。因为在你对这个人做充分的了解之前，对于你自己或这个世界来说，你都将是个没有任何价值的废物。"

他朝着镜子向前走了几步，用手摸摸他长满胡须的脸孔，对着镜子里的人从头到脚打量了几分钟，然后退几步，低下头，开始哭泣起来。

几天后，作者在街上碰见了这个人，几乎认不出他来了。他的步伐轻快有力，头抬得高高的。他从头到脚打扮一新，看来是很成功的样子。"那一天我进入你的办公室时，还只是一个流浪汉。但我对着镜子找到了我的自信。现在我找到了一份年薪3000美元的工作。我的老板先预支了一部分钱给我的家人。我现在又走上成功之路了。"他还风趣地说将再拜访作者一次，"我将带着一张签好字的支票，收款人是你，金额是空白的，由你填上数字。因为你介绍我认识了自己，幸好你要我站在那面大镜子前，把真正的我指给我看。"

心灵感悟

自信心是一个人做事情与活下去的支撑力量，没有有了这种信心，就等于自己给自己判了死刑。

一个无臂美国人的自述

有限的能力使你止步不前吗？或是什么东西挡在你的面前？你知道了我的故事，一定能够不断地找到新的道路。我怎样用打字机打这个故事呢？用我的脚指头。

我生下来就没有双臂。一开始父母就使我意识到，我的不利条件比健忘和愚笨还要严重得多得多。“每个人都有某种不利条件，”他俩告诉我，“对你来说，什么顶用就用什么吧。”

什么对我顶用呢？敏捷的头脑、双脚……亲爱的父母，还有很多很多。那些年，我不得不摸索各种不同的办事方式。我觉得，除了弹钢琴，我差不多能够做我想做的一切事情。

由于某种境遇而探寻新途径的可能性，对我们大家都是存在的。你如果被门关在屋子里，那就另寻出路。——找窗户或天窗好了。

下面是我所发现的克服不利条件的途径：

挖掘全部生命力

科学告诉我们，我们的五脏六腑拥有它们平常工作时的3倍的能力。我们的头脑同我们的躯体一样，因为得不到有效锻炼，常常只能发挥其全部潜力的点滴而已。我通过生气勃勃的身心锻炼，学会了游泳。我有5个儿子，每当我和妻子得知他们有谁想要学游泳，我就开车把他送到水塘去。当然了，我驾驶的是普通的小汽车。儿子用双臂学着漂浮和游泳，我用自己的方式掌握着呼吸和摆腿。

抓住症结变难为易

能力有限或残疾在身并不足虑。我们有数不清的办法去解决问题。

每天早晨上班，我不用别人穿衣服。系领带之前，我先把它打个结，再把它套在已经扣好一半钮扣的衬衫的领子上，然后低头钻进衬衫里，就像你们穿套领毛衣似的。我靠一条腿站在镜子前，用另一只脚扣衬衫上还没有扣完的钮扣，再把领带系紧。穿外套和穿衬衫一样，先扣好钮扣，再套在头上。过程虽然不同，但结果是一样的。

睁开你的“第三只眼睛”

这是我对运用想象力的一种说法，而想象力的用途是无限的。试想，假如你没有手腕，你把手表戴在哪儿呢？在下面这个小故事里，分享我的欢乐吧……

最近，在一架横越全国的班机上，我注意到女乘务员在分发食品时频频看我。后来她到底开口了：“你把手表戴在脚脖子上了！”当时我正在看书，而且照例用脚拿书，表是显而易见的。

“这在纽约是最时髦的！”我掩笑答道。

她点点头走了，5分钟后又回来了。

“很抱歉，我不知道您是残疾人，但愿没有得罪您。”

我叫她放心，那谈不上什么得罪。其实，我倒喜欢别人注意到我的想象力。

如何把手表做成“脚表”呢？很简单，只要给表带加三四个链节就行了。我的主意就是举一反三，别开生面。我们要扩展眼界，开拓心胸，做到及所不及。

有限的能力使你止步不前吗？或是什么东西挡在你的面前？你知道了我的故事，一定能不断地找到新的道路。

心灵感悟

只要坚定信念，就没有什么能让我们止步不前。

赤脚男孩的长征

勒格森·卜伊拉仅有维持5天的食物，一本《圣经》和《天路历程》（他的两本宝书），一把用于防身的小斧头和一块毯子。带着这些，他急切地踏上了他的人生旅途。勒格森将徒步从他的家乡尼亚萨兰的村庄向北穿过东非荒原到达开罗，在那儿他可以乘船到美国，开始他的大学教育。

1958年10月，勒格森只有十六七岁，他母亲也拿不准那时他的确切年龄。他的父母都是文盲，不知道美国的确切位置离他们究竟有多远，但他们还是勉强地为勒格森的旅途祈祷。

对勒格森来说，他的旅途源于他的一个梦想——不管是多么遥远，这个梦想都促使他决心要接受教育。他希望能像他心目中的英雄亚伯拉罕·林肯那样，林肯虽然出身贫寒，却成为美国著名的总统，为解放黑人奴隶进行了不懈的斗争。他想要像布克·T·华盛顿那样，是华盛顿打碎了奴隶制度的枷锁，成为一名伟大的改革者和教育家，为他自己和他的种族带来了希望和尊严。

勒格森希望能像他心目中的这些英雄那样，能改变世界，服务于全人类。不过，要实现他的目标，他需要受最好的教育，他知道只有在美国才能得到他所需要的教育。

不要去想勒格森名下毫无分文，也没有任何办法支付船票。

不要去想勒格森根本不知道他要上哪所大学，也不知道他会不会被大学接收。

也不要去想勒格森的旅途从开罗到华盛顿有3000英里之遥，途中有数百个部落，说着50多种语言，而且他对此一窍不通。

不要去想所有这一切，勒格森还是出发了。他必须踏上征途。他一心只想着一定要踏上那片可以帮助他把握自己命运的土地，其他的一切都可以置之度外。

他并非总是那么坚定。作为一个不大的男孩儿，他有时把自己的贫穷作为在学校没尽最大努力和不能成功的理由。“我只是个穷孩子，”他曾这样对自己说，“我能做什么？”

对勒格森来说，他和村里的许多朋友一样，原本相信居住在尼亚萨兰卡荣谷镇的穷孩子学习只是在浪费时间。后来从传教士提供的书籍中他发现了亚伯拉罕·林肯和布克·T·华盛顿。他们的故事启发了他，使他重新审视自己的生活并且认识到接受教育是他实现梦想的第一步。于是他就有了徒步到开罗的想法。

在崎岖的非洲大地上艰难跋涉了整整5天以后，勒格森仅仅前进了25英里。食物吃光了，水也快喝完了，而且他身无分文，要想继续完成后面的2975英里的路程似乎是不可能的了，但勒格森清楚地知道回头就是放弃，就是重新回到贫穷和无知。

他对自己发誓，不到美国我誓不罢休，除非我死了，他继续前行。

有时他与陌生人同行，但更多的时候则是孤独的步行。每到一个新的村庄他都非常小心，因为不知道当地人是敌意的还是友善的。有时他找到一份工作，暂时有栖身之处，但大多数夜晚是过着大地为床、星星为被的生活。他依靠野果和其他可吃的植物维持生命。艰苦的旅途使他变得又瘦又弱。

一次高烧使他病得很重。好心的陌生人用草药为他治疗，并给他提供了地方休息和养病。

由于疲惫不堪和心灰意懒，勒格森几欲放弃，他推断说：“回家也许会比继续这似乎愚蠢的旅途和冒险更好一些。”

他并未回家，而是翻开了他的两本书，读着那熟悉的语句，他又恢复

了对自己和目标的信心，继续前行。从他开始这次冒险的旅行到1960年1月19日已经有15个月的时间了，他走了将近一千英里，到达了乌干达首都坎帕拉。此时，他的身体竟健壮起来，也有了更加明智的求生方法。他在坎帕拉待了6个月，干点零活儿，并且一有时间就到图书馆去，贪婪地阅读着各种书籍。

在图书馆里他找到了一本文图并茂的美国大学指南书。其中的一张插图深深地吸引了他。那是个看上去庄重而又友好的学院，坐落在湛蓝的天空下。喷泉草坪错落有致,环绕学院的群山使他想起了家乡那壮丽的山峰。

位于华盛顿弗农山区的斯卡吉特峡谷学院成为勒格森申请的第一个具体院校，这似乎是不可能成功的，但他决定立即给学院的主任写封信，述说自己的情况，并向学院申请希望得到奖学金，因为担心可能不被斯卡吉特接收，勒格森决定在他的微薄积蓄允许的情况下，给尽可能多的院校寄去了自己的申请。

其实这大可放心，斯卡吉特的主任被这个年轻人的决心深深感动了，不仅接受了他的申请，还向他提供了奖学金和一份工作，其工资足够支付他上学期间的食宿费用。

勒格森向着自己的梦想又前进了一大步，但更多的困难仍然阻挡着他前进的道路。

要到美国去，勒格森必须具备护照和签证，但要得到护照他必须向美国政府提供确切的出生日期证明。更糟糕的是要拿到签证，他还需要证明他拥有支付他往返美国的费用。

无奈之下，勒格森只好再次拿起纸笔给他童年时起就曾教过他的传教士们写了封求助信。结果传教士们通过政府渠道帮助他很快拿到了护照。然而，勒格森还是缺少领到签证所必须拥有的那笔航空费用。

勒格森并不灰心，而是继续向开罗前进。他相信自己一定能通过某种途径得到自己需要的这笔钱。正是因为他非常坚信这一点，他花了自己仅有的一点积蓄买了一双新鞋，使自己不必光着脚走进学院的大门。

几个月过去了，他勇敢的旅途事迹渐渐地广为人知。当他身无分文、筋疲力尽地到达喀土穆时，关于他的传说已经在非洲大陆和华盛顿弗农山区广为流传。斯卡吉特峡谷学院的学生们在当地市民的帮助下，寄给勒格森650美元，用以支付他来美国的费用。当他得知这些人的慷慨帮助后，勒格森疲惫地跪在地上，满怀喜悦和感激。

1960年12月，经过两年多的行程，勒格森·卡伊拉终于来到了斯卡吉特峡谷学院，手持自己宝贵的两本书，他骄傲地跨进了学院高耸的大门。

毕业后，勒格森并没有停止自己的奋斗。他继续进行学术研究，并到达英同成为剑桥大学的一名政治学教授，同时还是一位广受尊重的作家。

勒格森·卡伊拉出身卑微，但就像他崇拜的英雄亚伯拉罕·林肯和布克·T·华盛顿那样，最终出人头地。

他在世上寻求改变，成为我们人生航行中一座壮丽的灯塔，其光芒一直为人们指引着前进的方向。

正如大多数非洲人民所坚信的，我知道我不是境遇的牺牲品，而是他们的主人。

心灵感悟

勒格森改变自我、追求梦想的勇气，成为我们人生航行中一座壮丽的灯塔。

享受生活进程

海伦和迈克结婚已5年了。海伦现在的角色是一个全职的家庭主妇，不会有人想到她曾经是个十分优秀的饭店经理。

因此，海伦常常觉得后悔和惋惜。她悄悄地算计，从自己辞职后的5年来，在家庭中操劳这么久，她究竟得到了些什么。

一座带小花园的属于她和迈克的房子；一辆小福特汽车；一个孩子杰米。海伦不明白，生活给她的报偿难道就如此微薄吗？

海伦闷闷不乐地收拾屋子。突然，一盒录像带从抽屉缝里掉出来。录像带的盒子看上去很陈旧了，上面也没有贴任何说明的标签。海伦十分好奇，停下手里的活，将录像带塞进放映机里。

屏幕上，她抱着一大束玫瑰站在房门口，显得十分灿烂夺目。海伦想起那是第一次收获自己种植的玫瑰——在4年前。当时，看到自己每日辛勤除草、松土、灭虫的工作终于有了回报，她高兴得合不拢嘴。

杰米摇摇摆摆地出现在屏幕上。他瞪着一对湛蓝的大眼睛，手指头插

进小嘴里，一颠一颠地向镜头跑来。突然，他“啪”地摔在地上，随即号啕大哭起来。

看到杰米可爱的样子，海伦情不自禁地笑了。

后面是迈克和海伦一块儿为杰米过3岁生日时的场景。迈克戴上了小丑面具，在镜头前扮出各种鬼脸。他身旁，杰米高兴得手舞足蹈，海伦也在哈哈大笑……

看完录像带，海伦已激动得满眼泪花。原来这5年里，她获得了这么多欢笑和快乐。她想起一句话：要享受生活的进程，而不光享受生活的报偿。

心灵感悟

生活其实就是一种过程，生命也就是一种过程。许多人为自己没有得到自己理想的结果而烦恼，其实得到了又如何呢？放下包袱，享受生活的每一天，才是真正的智者。

一把紫砂壶

老街上有一个铁匠铺，铺里住着一位老铁匠。由于没人再需要他打制的铁器，现在他改卖铁锅、斧头和拴小狗用的链子。

他的经营方式非常古老和传统，人坐在门内，货物摆在门外，不吆喝，不还价，晚上也不收摊。无论你什么时候从这儿经过，都会看到他躺在竹椅上，眼睛微闭，手里拿着一只小半导体收音机，身旁是一把紫砂壶。

他每天的收入，正够他喝茶和吃饭的。他老了，已不再需要多余的东西，因此非常满足。

一天，一个文物商人从老街上经过，偶然间看到老铁匠身旁的那把紫砂壶——古朴雅致，紫黑如墨，有清代制壶名家戴振公的风格。他走过去，顺手端起那把壶。

壶嘴处有一记印章，果然是戴振公的。商人惊喜不已，因为戴振公在世时便有捏泥成金的美名。

据说他的作品现在仅存3件，1件在美国纽约州立博物馆，1件在台湾

故宫博物院，还有1件在泰国一位华侨手里。

商人想以10万元的价格买下那把壶。当他说出这个数字时，老铁匠先是一惊，随后又拒绝了，因为这把壶是他爷爷留下来的，他们祖孙三代打铁时都喝这把壶里的水，他们的汗也都来自这把壶。

壶虽没卖，但商人走后，老铁匠有生以来第一次失眠了。这把壶他用了将近60年，而且一直以为那是把普普通通的壶，现在竟有人要以10万元的价钱买下它，他一时转不过弯来。

过去他躺在椅子上喝水，都是闭着眼睛把壶放在小桌上，现在却总要坐起来再看一眼，这让他感觉非常不舒服。特别不能容忍的是，当人们知道他有一把价值连城的茶壶后，蜂拥而来，有的问还有没有其他宝贝，有的甚至开始向他借钱。平静的生活被彻底打乱了，他不知该如何处置这把壶。

当那位商人带着20万元现金，第二次登门的时候，老铁匠再也坐不住了。他召来左右邻居，当众把那把壶砸了个粉碎。

现在，老铁匠还在卖铁锅、斧头和拴小狗用的铁链子，今年他已经102岁了。

心灵感悟

对于会真正享受生活的人来说，任何不需要的东西都是多余的，他们不会去背这个愚蠢的包袱。

池塘边的老太太

辛普森太太每天做的事，便是坐在家门口那口池塘边，一面喝奶茶，一面看池塘边来来往往的人：甜蜜的情侣、嬉戏的孩童……

有个小男孩儿见她每天都这样，十分好奇地走上前问道："奶奶，您每天都用看风景来打发时间吗？"

辛普森太太微笑着说："是的，孩子。我已经这样坐着，看池塘和人们很多年了。我还想再这样看几十年。"

孩子更加觉得奇怪，又问："您是因为觉得很有意思才这样做的吗？"

"是的，孩子。这里很宁静、很安谧。"

“您不觉得每天这样看着会很单调、无聊吗？您如果去找一份赚钱的工作，会有不少经济收入，就像我爸爸一样，开着高级的汽车，去其他地方看风景，还能环游世界呢。”

辛普森太太缓缓地说：“我年轻时去过很多地方，但比来比去还是觉得家门口这口池塘最好。”

孩子满脸疑惑地耸了耸肩，不解地走开。

辛普森太太继续坐在摇椅里，满足地看着池塘和周围的风景。

心灵感悟

我们每天都在追求着那些看似可以为我们带来幸福的东西，例如金钱、名利……其实，在获得这些东西的同时，我们可能已经失去了最大的幸福——内心的平静。因此，只有用心去感受平凡中的幸福，我们才能获得人生中最大的财富。

上帝是公平的

辛迪娜是欧洲著名女高音歌手。一次演唱会之后，她刚和丈夫、儿子一起走出剧场，便被观众们重重围住。

人们无法掩饰心中的羡慕和崇拜。有的恭维她，说她刚大学毕业，就进了国家歌剧院，担任重要演员，才30岁就走红全球；有人羡慕她嫁了一个事业成功，腰缠万贯的丈夫；有人赞美她的歌唱天赋，25岁时就跻身于世界十大女高音之列，还有的人说她真是好福气，有这么一个俊俏可爱的儿子……

辛迪娜听后，微微一笑：“谢谢大家对我及我家人的关心，我十分愿意在这方面和大家一起分享快乐。只是你们有所不知，我的儿子，不幸在5岁那年丧失了听力；而他的姐姐，则是一个需要被长年关在房间里的精神分裂症患者。”

人们听后大惊失色，面面相觑，不知道应该说什么好。

辛迪娜又心平气和地说：“其实，这并没有什么，这只能说明，上帝是公平的，他给每个人的都不会太多。”

人们又陷入了无言的沉思中。

心灵感悟

上帝是公平的，他不会因为你是名人、伟人，就不让你生病，不让你烦恼。其实，生活就是由烦恼和快乐组成的，谁也不可能只拥有其中之一。

孤儿院长和石头

有一个生长在孤儿院里的小男孩儿，常常悲观地问院长："像我这样没人要的孩子，活着究竟有什么意思呢？"

院长总是笑而不答。

有一天，院长交给男孩一块石头，说："明天早上，你拿着这块石头到市场上去卖，但不是'真卖'，记住，无论别人出多少钱，绝对不能卖。"

第二天，男孩拿着石头蹲在市场的角落，意外地发现有不少人对他的石头感兴趣，而且价钱越出越高。回到院里，男孩兴奋地向院长报告，院长笑笑，要他明天把石头拿到黄金市场去卖。在黄金市场上，有人想出比昨天高10倍的价钱来买这块石头。

最后，院长叫孩子把石头拿到宝石市场上去展示，结果，石头的身价又涨了10倍，由于男孩坚决不卖，这石头竟被传扬为"稀世珍宝"。

男孩兴冲冲地捧着石头回到孤儿院，问院长为什么会这样。

院长没有笑，望着孩子慢慢说道：

"生命的价值就像这块石头一样，在不同的环境下就会有不同的意义。一块不起眼的石头，由于你的珍惜、惜售而提升了它的价值，竟被传为稀世珍宝。你不就像这块石头一样？只要自己看重自己，自我珍惜，生命就有意义、有价值。"

心灵感悟

人如果有了自信，才能认识自身的价值。如果一个人一点自信都没有，那么，他的一生只能是一块石头而不是宝玉的价值。

商人的墓地

有个商人年轻时接受了父亲的遗产，拿它做了石油生意。然而他买的油田产油量很少，不久就关门大吉了。

商人不灰心，又拿剩余的钱做起了服装生意，而他经销的服装样式总不受人喜欢，生意冷清，很快地又被迫关门了。

商人于是又投资做餐厅生意，但他这时已经没有多余的钱请技艺出众的厨师，饭菜的味道远不如对门的餐厅，前来光顾的人越来越少，商人只好又变卖了餐厅。后来，商人还做了水果、化妆品、灯具生意，但全失败了，他的钱越来越少，最后所剩的钱只能在很远的郊区买一块墓地。

商人彻底灰心了，他觉得自己实在没用，无论干什么都干不好，这样还不如就买一块墓地，好让自己死后有个地方可去。于是，他就在远离城区的荒地上买了一块墓地。

谁知他刚完买墓地不久，政府计划修公路，而他的墓地正好在公路内侧，处于道路的一个十字路口处。这一带的地价因此大增，他的墓地更是身价百倍。通过卖墓地，商人居然发了财。

这么一来，商人又充满了激情，他想：我为什么不试试地产生意呢？像这块墓地一样。于是，商人用卖墓地的钱又买了些他认为有望升值的土地，短短几年时间，他就成了著名的房地产商。

心灵感悟

许多人之所以没有成功，完全是因为没有适合自己发展的机会，而不是才能不足。因此说，不论什么时候，都不能因为失败而失去信心，或许你一觉醒来，幸运就会光顾于你。